公式は覚えないといけないの？

数学が嫌いになる前に

矢崎成俊 Yazaki Shigetoshi

★――ちくまプリマー新書
465

目次 ＊ Contents

イラスト　たむらかずみ

はじめに

本書は中学生や高校生に向けて、エールを送る気持ちで書きました。以下の三つのタイプ（A）（B）（C）のいずれかに該当する人は、本書の読者として適合するでしょう。

（A）「てやんでぃ、こちとら好きで数学やってんじゃねーんだ。数学の科目があるからやっているだけでぃ。数学わかんねいってんだ」って江戸っ子風に数学を数我苦と感じる人

（B）「数学は沢山ある科目の一つなだけで……」ってニュートラルに可も不可も無い気持ちで数学をスウガクと発音する科目に過ぎないと思っている人

（C）「数字や数式を前にするともうワクワクドキドキ」って興奮して数学は本当は数

楽と書くのだと信じている人

おいおい、このタイプの分け方じゃ、誰でもどれかに当てはまるじゃん、と思ったあなた、いやいやこれら以外のタイプもあるでしょうと思ったあなた、どちらももう数学の集合論の考え方を始めちゃっていますよ。

本書を読むと、日常生活において「ありゃーまたさりげなく数学やっちゃった！」と感じるようになるでしょう。呼吸をするように数学するのは何も大数学者オイラーだけの専売特許ではありません。数学するのに構えることも力む必要もありません。遊ぶときはリラックスしていますよね。それと同じです。脱力してください。良いものは力みが抜けたときにふっと生まれます。勉学にしてもスポーツにしても芸術にしても。

ここで中身をすべてすっとばして、「あとがき」に飛んでもよいです。最後の最後に公式を載せました（没頭したとき力みは抜けるでしょう）。気に入ってもらえれば幸いです。

でも……、「あとがき」に飛んで、はい、さようならとなるのは、少しお別れが早いので、やっぱり中身を軽く説明しておきましょう。

以下、本書の概要と読み方を書きます。

まずは序章のウォーミングアップだけは最初に読んで、できれば実践してください。しかし、小説と違って本書は頭から順に読まなくてはならないものではありません。気になる箇所から読み始めて、必要に応じて前に立ち戻ればよいですから。もちろん、頭から順に執筆したのでそれなりの流れがありますが、読み手がそれに従う必要はありません。例えば、手っ取り早く、タイトルのように公式を覚えろと言われたらどうしたらよいかの「答え」を知りたい人は第4章を先に読んでもよいです。

ところで一般に「答え」は、問題（問いかけ）を解くことによって得られるものです。その観点からそもそも「（問題を）解く」とはどういうことか、少し高い目線からの考察、あるいはちょっと内省的な深い洞察に興味のある人は第1章の前半をご覧ください。

「解く」ということですが、解くためには問題（問いかけ）があることが暗黙の前提でしょう。学校で習う数学は、たいていの場合、問題が与えられています。そのパターンに慣れきっていますが、本質的には数学は問題が与えられてから始まるものではありません。「なんで?」と疑問を持ったときにもう数学は始まっているのです。何を言っているの? と思った人は第1章の後半を読んでください。

ここで、「なんで?」と言いました。なんで「なんで?」と思うのでしょうか。もちろん何も思わないこともありますが、生きていて一度もなんで? と思わなかった人はないはずです。今日は暑い。なんでだ? 少し頭が痛い。どうして? 今日は絶好調! 何で不調になるの?……不思議ですよね。筆者は「なんで?」と思うのが人間というものと考えています。もう少し知りたい人は第3章を見てください。第3章では、さらに主として大学の理系科目についてですが、さまざまな科目選択の助けになる一言キーワードが書かれています。

第2章と第5章は、みなさんに向けたエールです。第2章は自分自身に対する視点で、節のタイトル通りに数学が助けてくれるお話、第5章には人や物事に相対してちょっと上手くいかなかったときにヒントとなる処方箋と例がいくつか書いてあります。

本文中ではたまに、数学が好きな数学の先生の真勢馬千佳(ませまちか)と、数学に対してはニュートラルな立場、つまり数学が好きでも嫌いでもない高校2年生の南出茂亜理紗(なんでもありさ)の会話が挟まれます。

序章　知らないうちに数学している

小学校では算数を学び、中学や高校では数学を学びます。学ぶ場所は、いわゆる全日制、定時制、通信制などの学校の他、塾やフリースクール、サポート校でもかまいません。どこにいるにせよ、若いうちは、どこかで数学を学びます。そして、学校で文系コースに入ったり、中学を卒業してすぐに仕事に就いたりすると、もう数学を学ばなくなります。一生涯。テストもしないでいいし、あぁよかった。

千佳　本当でしょうか。

亜理紗　私は文学を将来勉強したいと思っているので、数学とはおさらばかな、という気分です。

実は……なんだかんだと、誰もが数学をしているということをこれからお話しします。

いやいや数学の教科書なんて、中学卒業後触ってもいないから、あるいは文系選択した高校2年から見ていないから、だから数学なんてしてません、という人もいるでしょう。そういう人もしばしばお付き合いください。本章を読めば、なるほど無縁と思っていたけど、自分は確かに数学している、と納得するはずです。

ウォーミングアップ

話のとっかかりに、指遊びをしましょう。

リング（指輪）がある人はそれを使うとドラマティックになります。リングがなくても問題ありません。

〈スタート〉まず、リングを左手の人差し指にはめてください（図0－1）。あるいは、左手の人差し指を右手の人差し指で指すこととし、以下の説明の「リング」を「右手の人差し指」と読みかえてください。

そして、手順①から③のようにリング（あるいは右手の人差し指）を移動させてください。

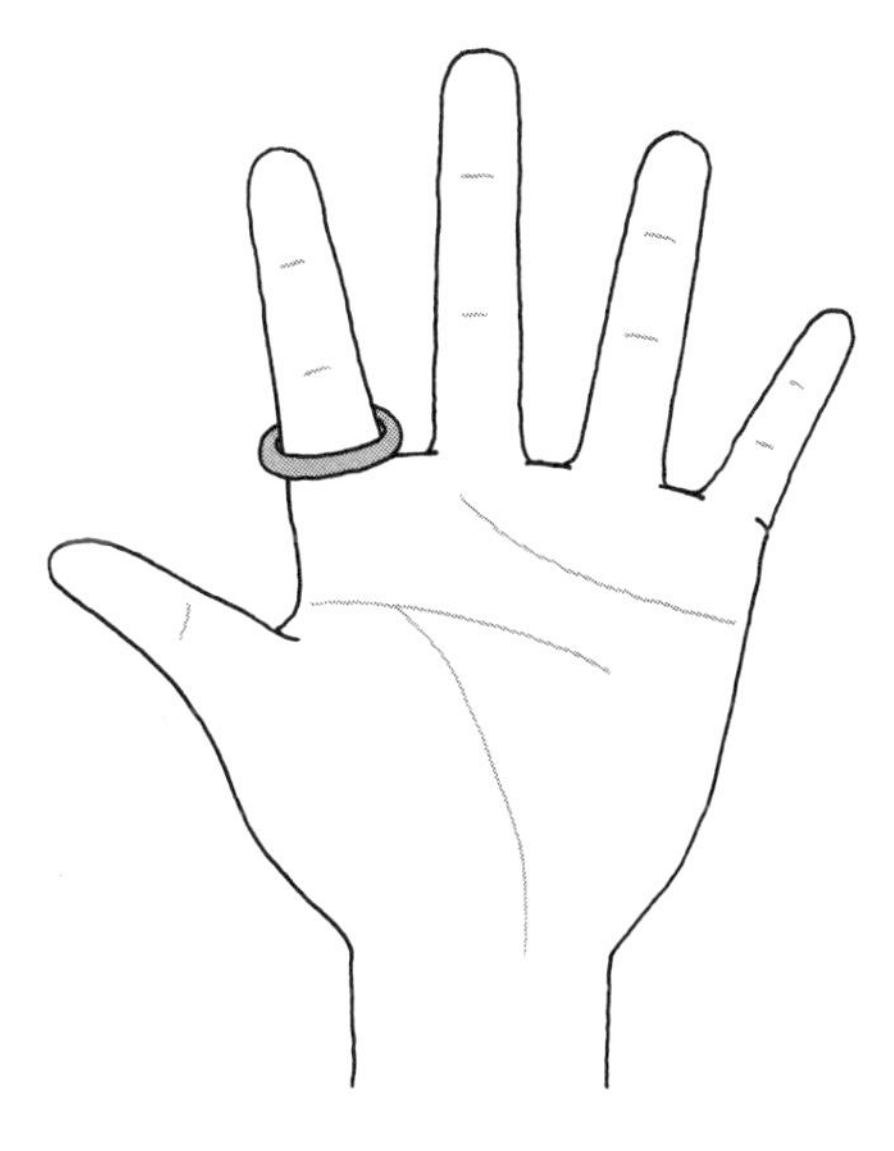

図0-1

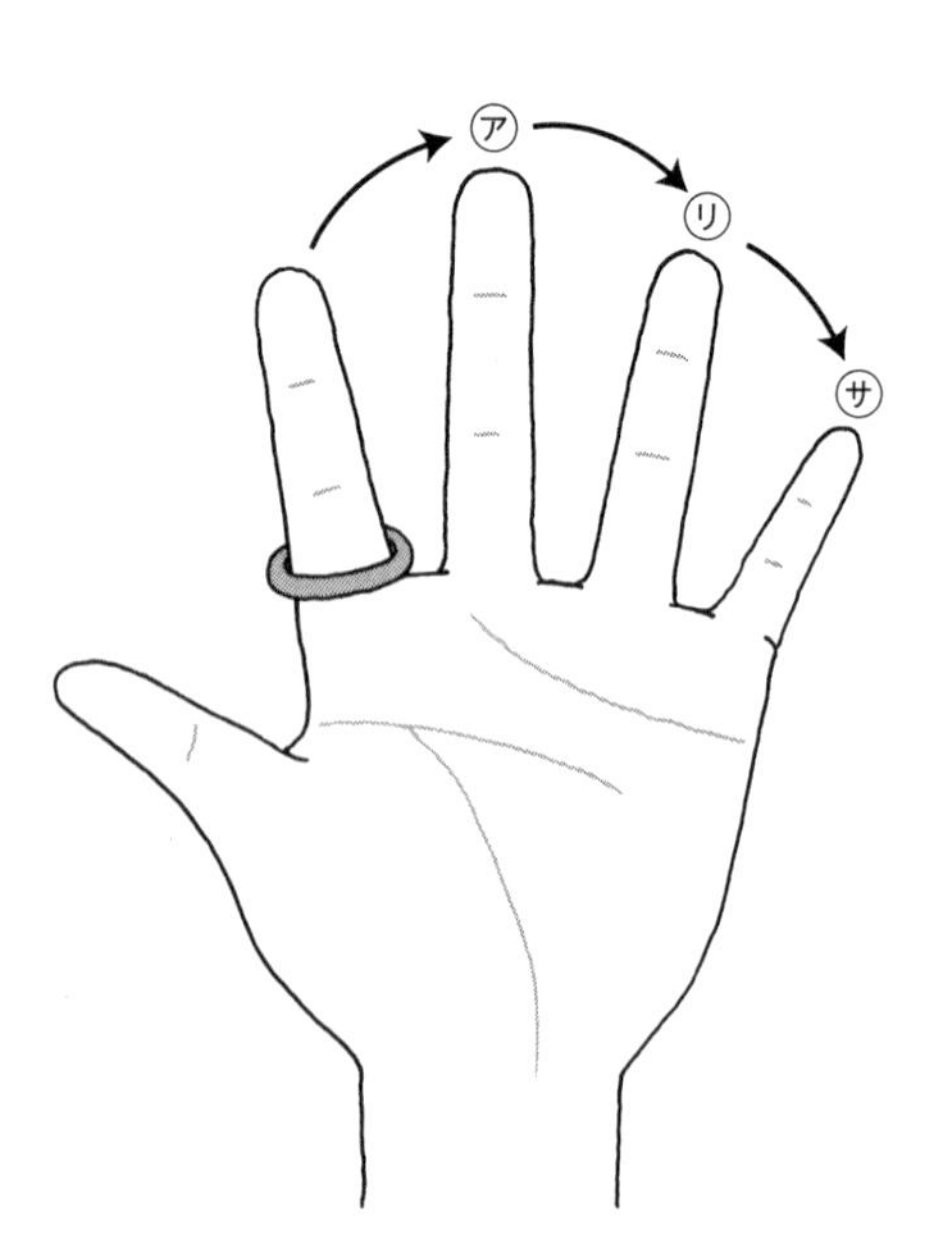

図0-2　素直に右に移動した場合

手順①　好きな人の名前を思い浮かべる（例えばアリサ）。その名前の文字数だけリングを隣りの指に移動させる。リングは左右どちらに移動してもよい（図0－2は右のみに移動した場合）。行ったり来たりしてもかまわない（図0－3）。ただし、指を飛ばして移動させてはいけない。また、親指か小指に到達したら折り返すこととする。

手順②　①で止まった指から、①と同じ名前で①と同じことを繰り返す。

手順③　②で止まった指から、リングを小指の方向に「好き」の2文字分移動する。

ここで、いったん本を閉じて、手順①から③をやってみましょう。

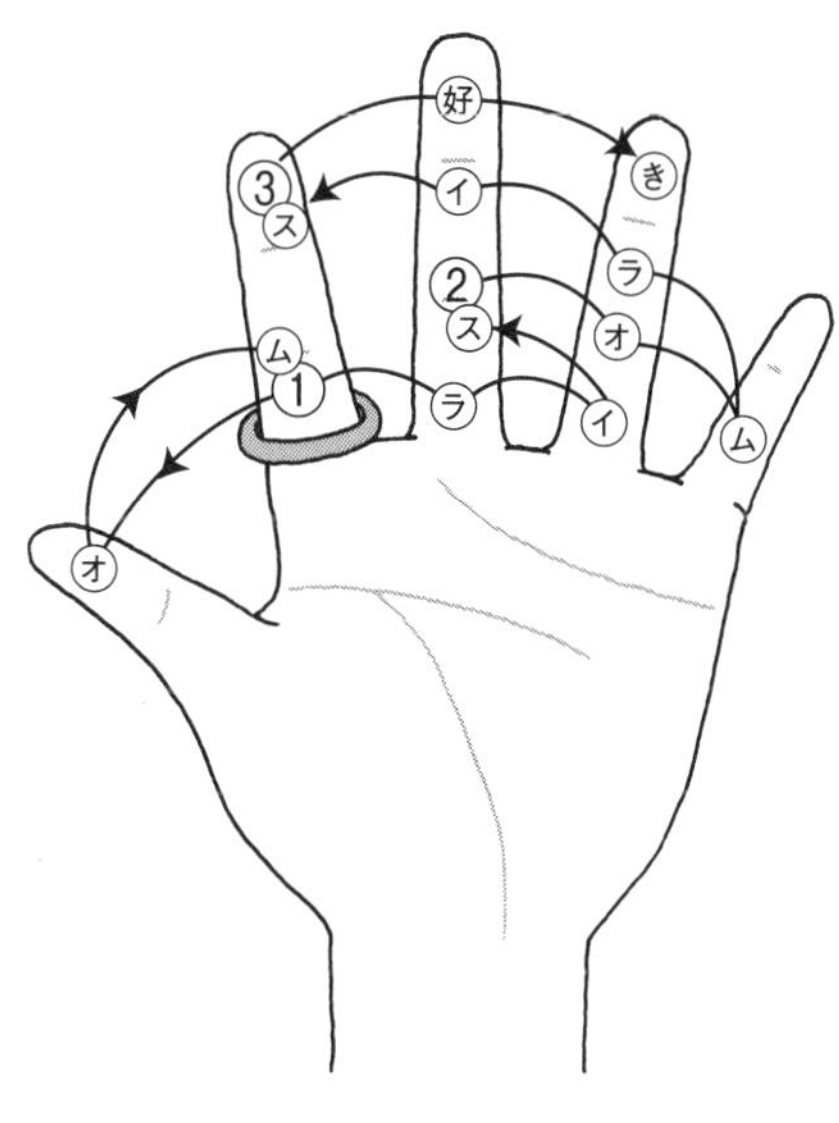

図0-3　行ったり来たりしてもOK

図0－3は、オムライスの5文字を思い浮かべて、リングを動かしたときの図です。選択する文字数は何文字でもかまいません。手順③が終わったとき、リングはどの指にはめられていますか？（右手の人差し指は左手のどの指を指していますか？）

きっと、薬指のはずです（図0－4）。もし、薬指でなかったら、もう一度ゆっくりとやってみてください。

証明は必要か

近くにいる友達や家族でワイワイやってみてください。最初に思い浮かべる名前が、何文字であっても、最後は誰でもみんな薬指になるでしょう。

いま、なんで？　って思いましたね。

そう思った瞬間から数学はもう始まっています。なんで？　の理由を客観的に、論理の破綻なく、世界中の人に説明できて、世界中の人と共有できる言葉が数学です。そして、ひとたび正しく説明できたら、その説明は未来永劫正しい説明になるのです。この説明を「証明」と呼びます。実はなんで？　と思わずに、そりゃ当然最後はみんな薬指になる、とすべての人が納得したら、説明（証明）は不要です。説明の必要がないですから。

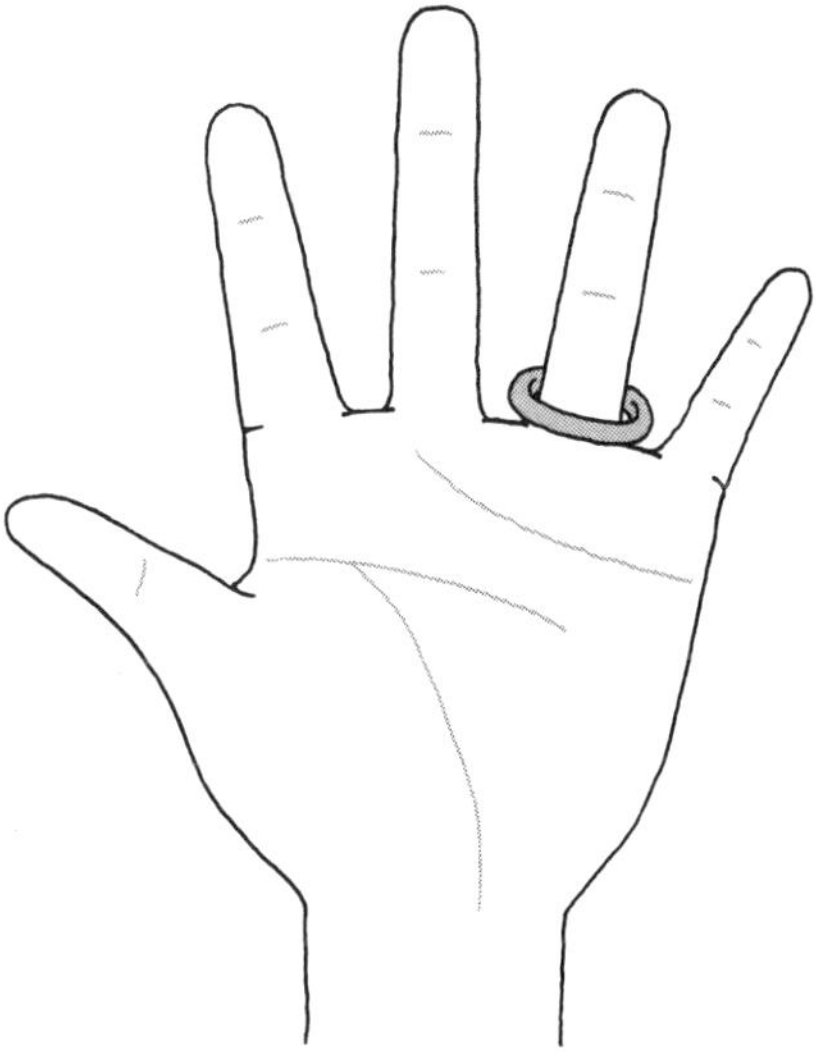

図0-4　リングはどの指？

千佳　思い浮かべる名前が、1億文字であっても、絶対に最後は薬指になりますか？

亜理紗　え、いや、うーん。たぶん、なると思います。

千佳　ちょっと心が揺らいだでしょう。

自分たちが納得することと、自分たち以外の人が納得することは別のことです。説明（証明）が必要だと少し感じませんか？

説明しましょう。ただ、この説明は納得している人は読まなくてもよいです。

説明の第1段階　手順①で思った名前の文字数が何文字であっても、手順②で同じことを繰り返すので、手順②が終了した時点では、スタートの左手の人差し指から移動した文字数は、最初の文字数の2倍の文字数になる。つまり文字数は偶数になる。例えば、い、い、い、オムライスの5文字は、手順②が終了した時点で2倍の10文字になる。10は偶数だ。

説明の第2段階　左手の人差し指から偶数回リング（右手の人差し指）を移動させると左手の人差し指か薬指に移動する。そして、好きの2文字で、人差し指にあったリングは薬指に、薬指にあったリングはまた薬指に移動するので、結局、最後は薬指になる。

この説明で十分ですが、数字を使った説明をすることもできます。

別の説明の第1段階　左手の親指から小指に向かって、10101と番号を振る（図0－5）。

別の説明の第2段階　左手の人差し指は0なので、奇数回移動すると1の指のどれかにリングがはまって、偶数回移動すると0の指のどちらかにリングがはまる。いずれの0の指にしても、そこから好きの2文字分移動すると、薬指の0にリングがはまる。

説明はともかく、好きな人の名前を思い浮かべたら最後は薬指にリング、おしゃれだなぁ、と感じたら大成功です。最後は薬指、という事実が腑に落ちたならばそれで十分だからです。しかし、「なんで?」を解消するには、自分も相手も納得させる説明が必要になります。だから証明は、納得と説得のツールとも言えます。

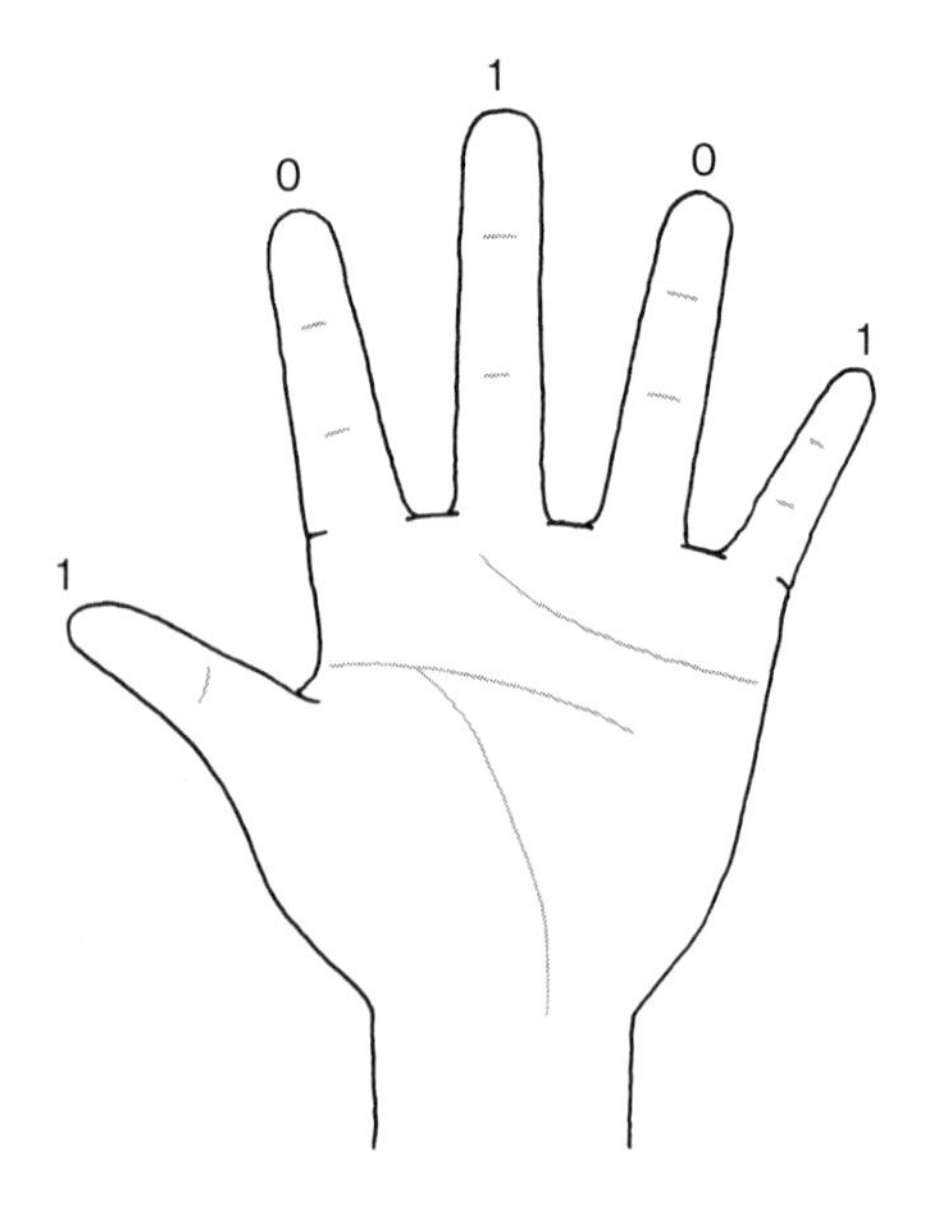

図0-5

序章のまとめ

・「なんで？」と思った瞬間から数学は始まっている。

・「なんで？」を解消する証明は、納得と説得のツールである。

第1章　「○○を解け」という問題に意味はない

指遊びでウォーミングアップができました。ウォーミングアップの次の章にしては、ちょっと挑戦的なタイトルです。意味がないというのは、やらなくてよいとか、くだらないといったことではありません。本章では、問題を解くとは、いったいどのような行為のことを指しているのか、解くとは本質的にはどういうことかを考えます。こういうと何やら哲学的で難しく感じますが、答えはいたって簡単で、問題を解くとき、実は「何もしていない」です。言葉遊びの煙に巻かれたって？　いやいやそうでもありません。次の毛糸の例から見ていきましょう。

こんがらかる

みなさんは、こ、こんがらかる、こんがらかるって言葉を知っていますか？　図1－1を見てください。ありゃりゃ、やっちゃった、という毛糸の状態です。このとき、毛糸がこんがらかって

図1-1

いる、と言います。こんがらかるとは、糸が縺（もつ）れて絡（から）まる状態のことを指します。説明からして糸だらけです。こんがらかるの漢字はないようなのですが、江戸っ子風に、「こんちくしょう、絡まりやがって」から、

　こんなに絡まる
↓こん絡まる
↓こんがらかる（こんがらがる）

といった変遷を辿（たど）ったのではないかと想像しています。ただ、これは筆者の想像ですので、本当の変遷を知っている人は教えてください。

図1-2

上の写真は、こんがらかった毛糸を解いて、木の棒に巻きつけたものです。

つまり、こんがらかった状態から解けている状態に糸を解したわけです。解けている状態から、こんがらかった状態にするのは簡単なのに、その逆のプロセスは難しいです。実に不思議です。何が不思議って、もともとは1本の糸なのに、ちょっと油断すると、とても複雑に絡み合って、もとの簡単な状態が想像できなくなるからです。でも強引に糸を引っ張ったりしなければ、必ずもとの状態に戻すことができます。

陰な形と陽な形

こんがらかった状態を陰な形、解けている状態を陽な形、と言うことにします。陰と陽はどちらも同じ糸を表しているのですが、状態が異なるわけです。

図1－3の説明はジグソーパズル遊びに似ています。ジグソーパズルが完成した状態が陽な形で、ピースがはまっていない状態が陰な形です。でも陰も陽もどちらもジグソーパズルです。ちょっと言っていることが、こんがらかってきましたか？　大丈夫。これで準備完了です。

話の準備ができたので、本章のタイトル『「○○を解け」という問題に意味はない』の核心に迫りましょう。

問題を解くとはどういうことか

千佳　面積（S）が2の正方形の一辺の長さはいくつでしょうか？

亜理紗　$\sqrt{2}$ です。

こんがらかった状態（陰な形）

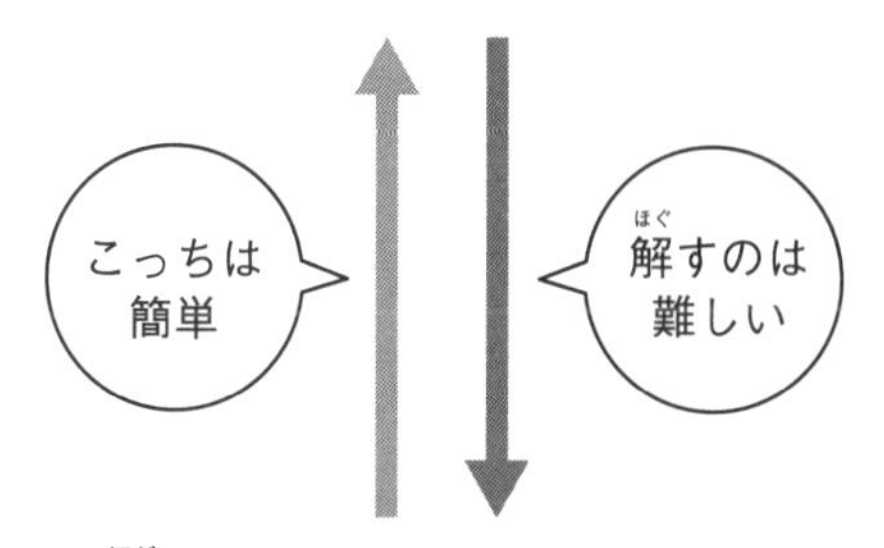

解けている状態（陽な形）

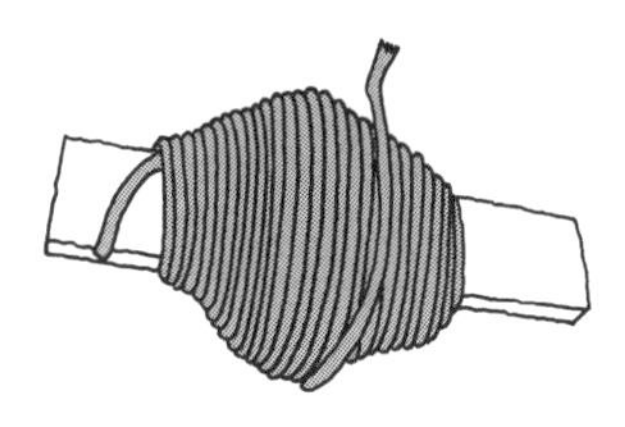

図1-3

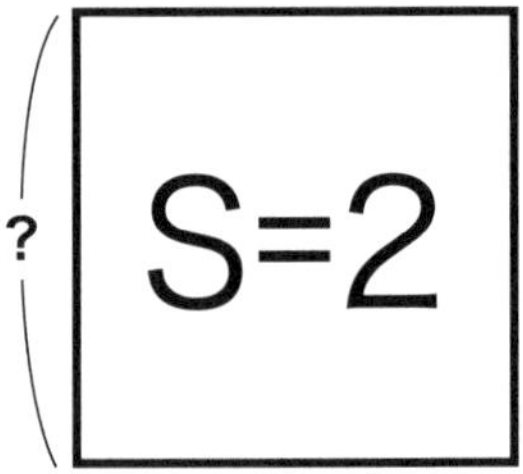

S=2

?

図1-4　Sは面積。面積が2の正方形

千佳　では$\sqrt{2}$とはなんでしょうか。

亜理紗　2の平方根、つまり、2乗すると2になる数です。あっ、忘れてました。2乗すると2になる正の数です。

千佳　その通り。つまり、面積2の正方形の一辺の長さは？　という問いが陰な形で、$\sqrt{2}$が陽な形です。実は、この問いは少しぼやっとしています。この問いの本質は何でしょうか？

亜理紗　なんか禅問答みたいです。正方形の面積は辺の長さの2乗だから、問いの本

2

$x^2 = 2, \quad x > 0$（陰な形）

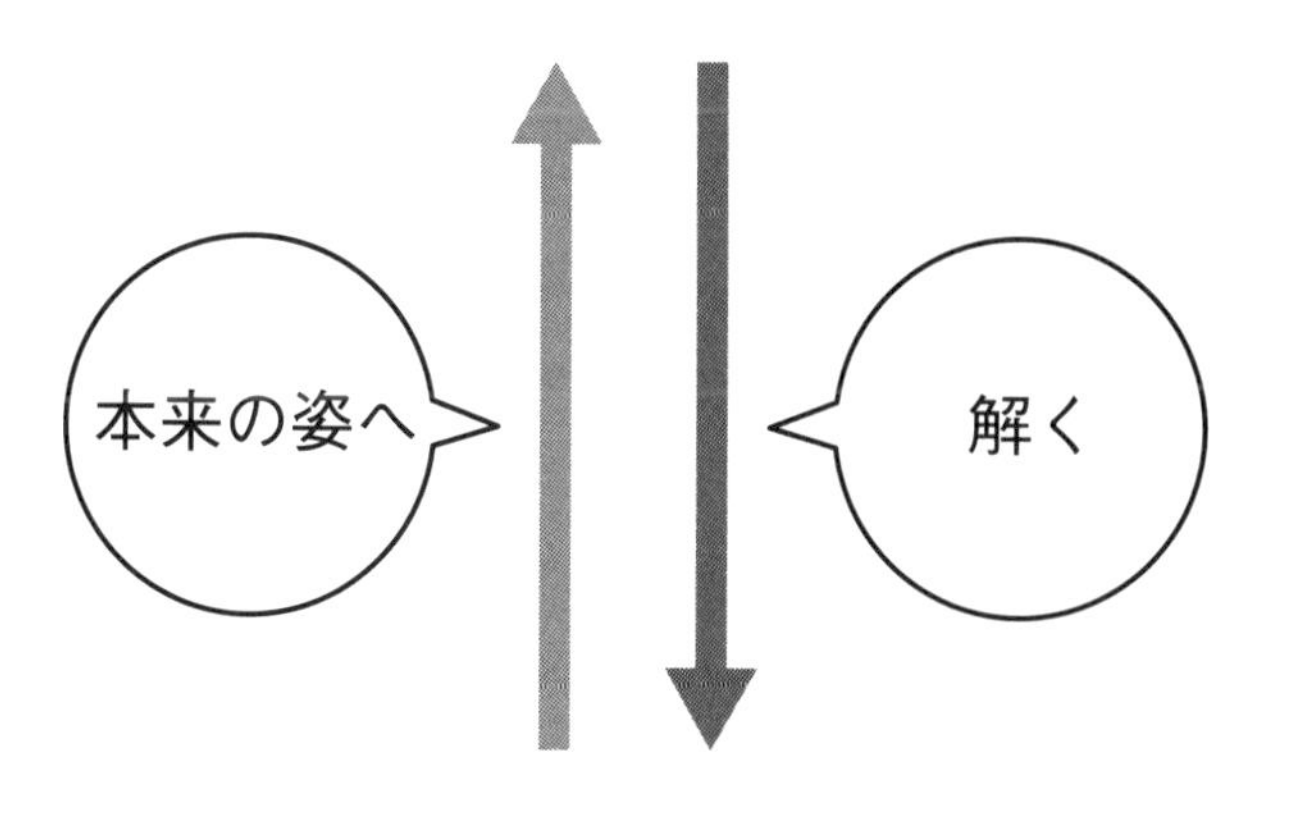

$x = \sqrt{2}$（陽な形）

図1-5

質は、２乗すると２になる正の数は？　ということでしょうか。

千佳　はい。つまり、２乗すると２になる正の数は？　と問われて、それは、２乗すると２になる数です、と答えたわけです。これは解いたことになっているのでしょうか。

亜理紗　なっていません。というか解けるのでしょうか。

千佳　解けない、というよりも、本質的な問いをした時点でもう解けている状態を含んでいる、と言えます。つまり、陰な形を正しく表現すると、それはもはや陽な形と同じことになるのです。言い換えると、陰な形から陽な形への同値変形を解くと言うのです。そういう意味では、次の問題を解け、という設問は、本質的には意味のない設問と言えます。だって、新しい何かを答えるのではなく、誰が見ても明らかな表現に単純化せよ、と言っているに過ぎないのですから。

亜理紗　ほぐすは解す、とくは解く、と書きますが、意味も同じようなものなのだと感じました。だから、こんがらかった糸が方程式で、ほどけた糸が解です。こんがらかった糸を正しく理解すると、実は糸はこんがらかってはいなくて、糸の端から端までちゃんと辿ることができるということ、だと思いました。

数学はもう始まっている……土地の分割

亜理紗の言う通り、解（陽な形）を見かけだけ複雑にしたものが問題（陰な形）なわけです。土地を分割する話題で陰と陽について考えてみましょう。例えば、次の問いかけをします。

問　図のようなL字の土地の面積を2等分せよ。

図1-6

L字の土地は、図のように2つの長方形に分割できます。各長方形の中心を求めることができれば、中心を通る直線を使って、各長方形の面積を2等分できます。長方形の中心は対角線の交点ですから、簡単に求まります（黒点●）。

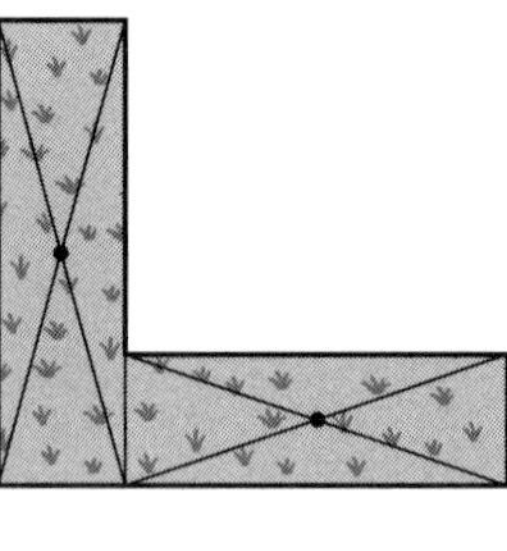

図1-7

例えば、図1-8の3つの図のように、中心●を通る直線で濃淡2色のグレーの部分に分割すると、各色の部分の面積が等しくなって、L字の土地の面積を2等分できます。

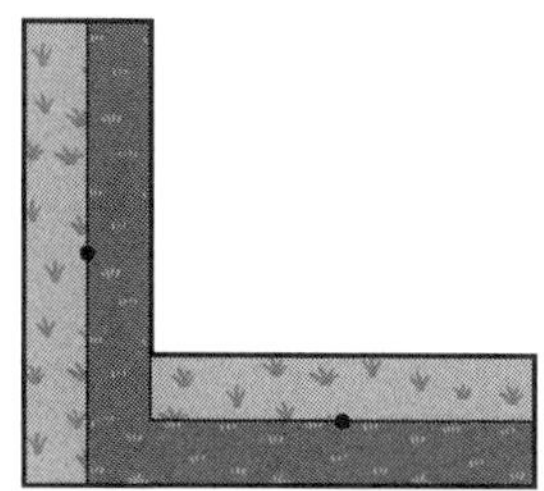

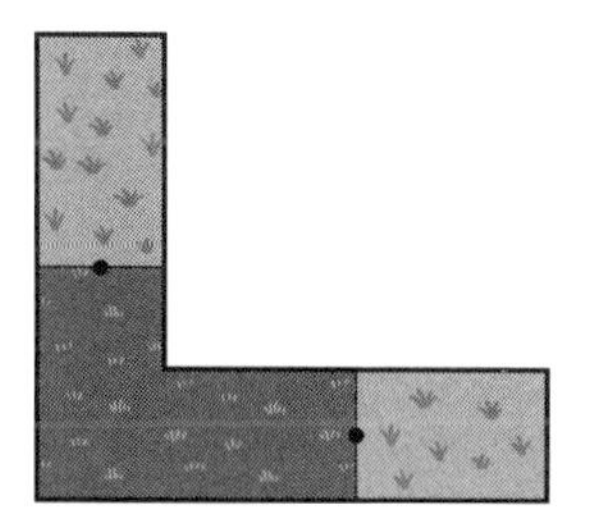

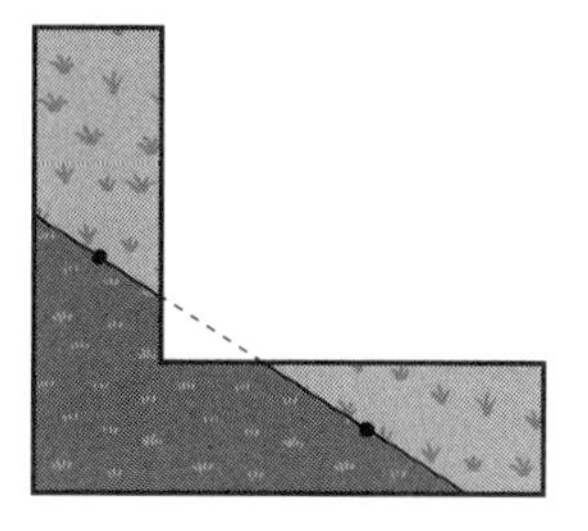

図1-8

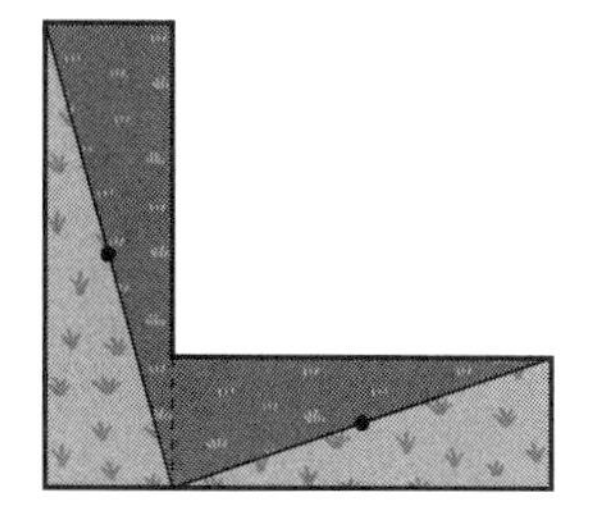

図1-9

千佳　図1－9のような分割も可能です。
亜理紗　4つの図は、どれも気にいらないです。
千佳　気にいらない原因はなんでしょうか。
亜理紗　薄いグレーの土地が繋がってなくて、飛び地になっているのが嫌です。
では、この嫌な原因を回避するには、どうすればよいのでしょうか……。と考え始めますよね。この瞬間にもう数学は始まっているのです。

陰と陽が同じこと

先に、陰な形を正しく表現すると、それはもはや陽な形と同じことになると言いました。そのことを、土地の分割を通して考えてみましょう。
千佳　土地ですから飛び地は嫌ですよね。問いかけが曖昧(あいまい)でした。分割された飛び地にならないように面積を2等分することまで要請していませんでした。土地という言葉を「地続きで飛び地になっていない用地」という意味で使うことにして、問いかけを変えましょう。

問　L字の土地を面積が等しい2つの土地に分割せよ。

千佳　図1－10のように面積が等しい2つの土地に分割できました。この土地は、いかがですか?

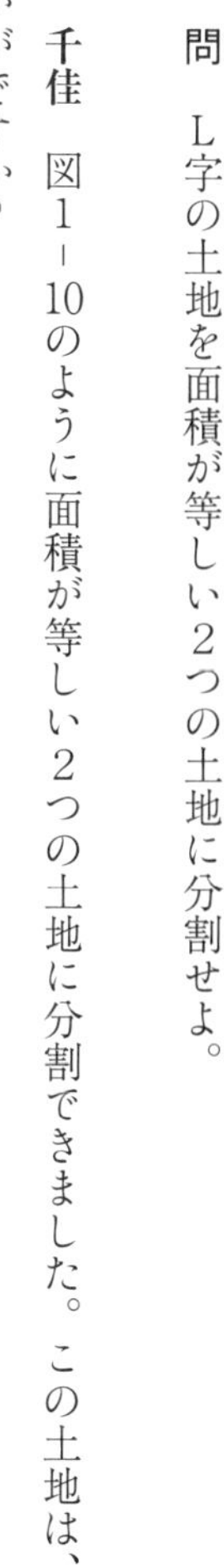
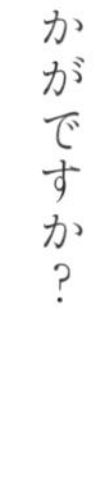

図1-10

亜理紗　これも嫌です。土地の境界線に斜めの部分があるので、使い勝手が悪そうです。

千佳　確かに、この土地に家を建てるとすると、三角柱のような家になりそうです。

では、問いかけをさらに変えましょう。

問　L字の土地を面積が等しい2つの土地に分割せよ。ただし、各土地の境界線は縦線と横線だけで構成せよ。

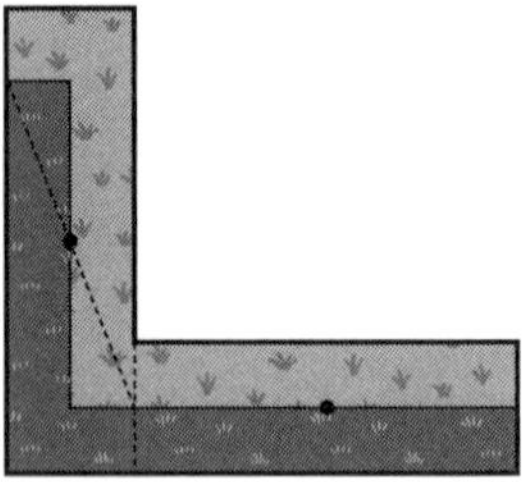

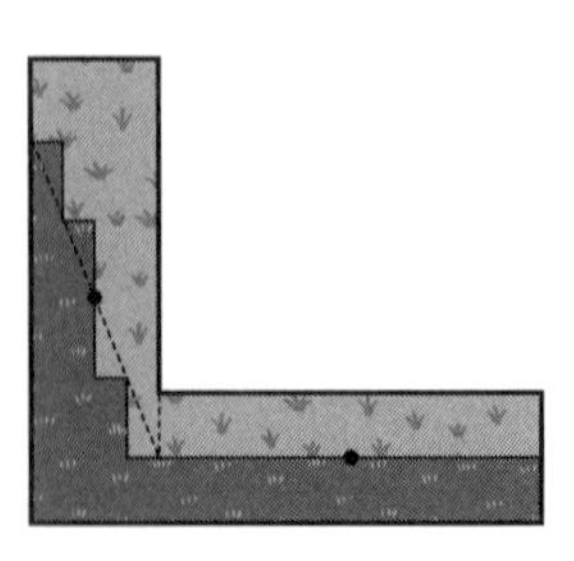

図1-11

図1-12

千佳　今度は、例えば、図1－11のような分割が考えられます。図1－12のように、もっと複雑な分割も考えられますね。いずれも問の答えになっています。

亜理紗　えー。これも嫌です。たぶん、凹んでいる部分が多いのがイマイチなのだと思います。

千佳　そうですよね。そもそも土地は、長方形とか正方形が使い勝手が良いですよね。となると、更に問いかけを変えねばなりません。

問　L字の土地を面積が等しい2つの土地に分割せよ。ただし、各土地の境界線は縦線と横線だけで構成し、各土地に凸凹がないようにせよ。

千佳　この問は、L字の土地を面積が等しい2つの長方形の土地に分割せよ、と言っていることになります。

亜理紗　2つの長方形に分割するとなると、図1－13の2つの分割しかありません。でも、長方形の面積が違います。

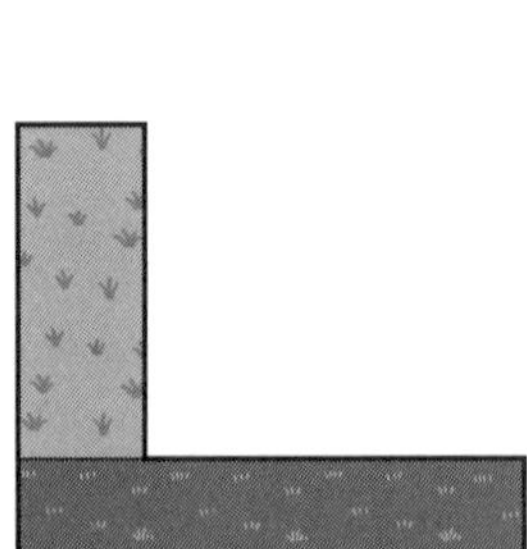
図1-13

千佳　その通りです。この図のどちらも、L字の土地が凹（へこ）みのない2つの土地に分割されていますが、残念ながら各長方形の面積が違うので、面積は等分割されていません。

亜理紗　問いかけの条件を緩めるしかなさそうです。

千佳　妥協して、1つの凹みを許すことにしましょう。さらに、公平にするために、分割したどちらの土地にも凹みがあるようにしましょう。

問　L字の土地を面積が等しい2つの土地に分割せよ。ただし、各土地の境界線は縦線と横線だけで構成し、各土地に1つだけ凹みがあるようにせよ。

亜理紗　こんな形になると思います。面積が等しくなるように凹みを調整しました。

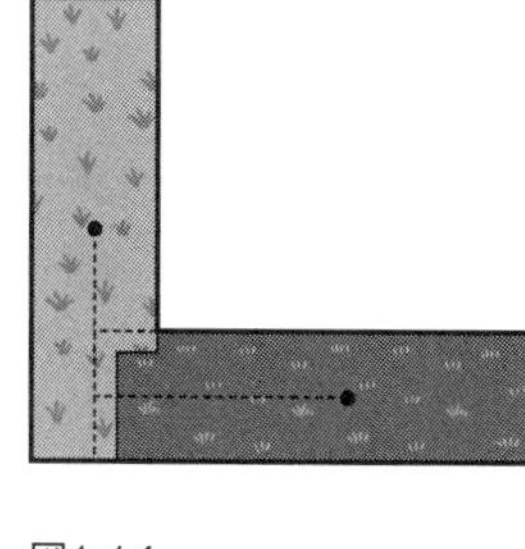
図1-14

千佳　いいですね。さらに、次のように条件を課した問いかけを考えると、1つの分割方法に確定することがわかります。

問　L字の土地を合同な（つまり、面積が等しい同じ形、あるいは反転すれば面積が等しい同じ形の）２つの土地に分割せよ。ただし、各土地の境界線は縦線と横線だけで構成し、各土地に１つだけ凹みがあるようにせよ。

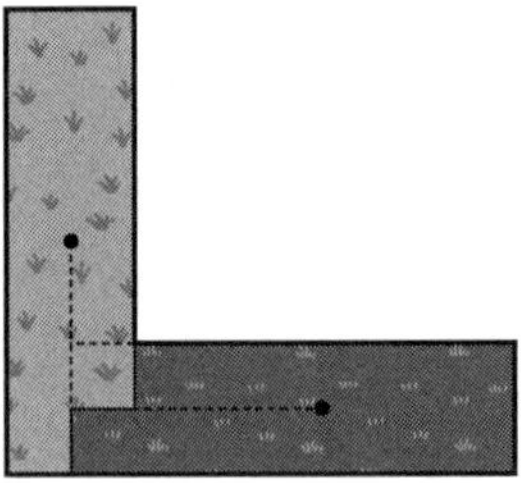

図1-15

このように、問いかけを細かく厳密に表現すればするほど、結局、答えを与えていることと同じことになります。これが、陰な形を正しく表現すると、それはもはや陽な形と同じことになるという意味です。

どんなL字の土地も類似の考え方で等分割できるのだろうか？　と考え始めたキミ。もうどっぷり数学を始めていますよ。

第1章のまとめ

・「解く」とは、陰な形（問）から陽な形（答）への同値変形のことである。
・陰な形を正しく表現すると、それは陽な形を与えることと同じことになる。

第2章　心が折れそうなとき、数学に救われる

こんなタイトルを書くと、これは逆だ、数学のせいで心が折れそうなんだ、と言われそうです。確かにそうかもしれません。炎天下の猛暑日に数学のテストを受けに登校するときなんてなおさらです。最寄り駅まで歩いて汗だくになり、電車に乗ったらクーラーが効きすぎて今度は寒くなり、下車したらもわっとしていてまた暑くなり、学校に着く頃にはもうふらふらで、それから授業を受けるなんて、スタートからして心が折れています。そんな状態で、数学のテストをイヤイヤやらされる。これではお手上げです。

しかし、数学のテストをイヤイヤやらされたとしても、その「イヤイヤ」は、いまの例だと、酷暑とテスト自体への気持ちが大半のはずです。リラックスして音楽を聴くのが好きでも、メロディーを30分以内に譜面におこせ、という緊張感あふれる状況でテストを出題されたら、途端に閉口するのと同じです（もちろん、譜面がスラスラ書ける人は除きます）。

この章では、数学それ自体に嫌なことは内在しておらず、むしろ、例えば、心が折れそうなときに助けてくれる性質を数学の中に見いだせることを紹介します。

もちろん数学に限らず、あらゆる学問がそうであるように、学問それ自体に何かをする力があるわけではありません。その学問に真摯に向き合ったとき、何らかの知恵を見いだしたり、引き出したりすることができるのです。なぜなら、学問は紀元前から始まる先人たちの知恵が凝縮した結晶なのですから。

半分成功、半分失敗でいい

内部に何も書いていない正方形を0%とします。

図2-1

次に、半分グレーに塗った正方形を50％とします。

図2-2

千佳　さらに半分の半分を加えた図２－３は何％でしょうか。

亜理紗　50％の半分の25％を加えたから、75％です。

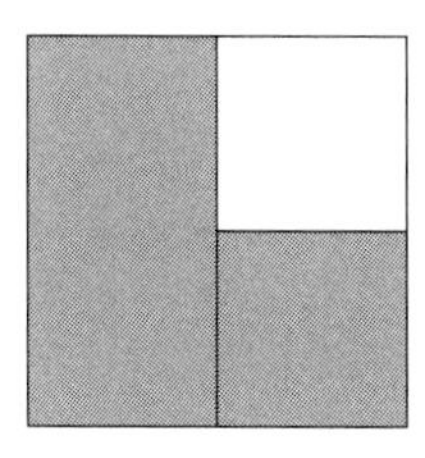

図2-3

千佳　さらに半分の半分の半分を加えると？

亜理紗　25％の半分の12・5％を加えるから、87・5％です。

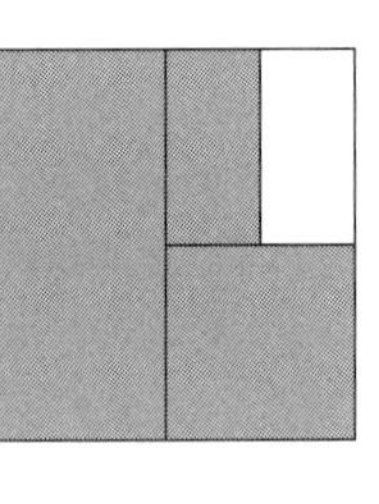

図2-4

千佳　この調子で、半分半分をずーっと加えていくと、何％になるでしょうか？

亜理紗　いつか100％になりそうです。

千佳　はい！　図2－5を見ると納得できますよね。

千佳　何もない白い正方形から始めて、何か1回目のチャレンジをして「半分成功」したら、正方形の半分をグレーで塗ることにしましょう。塗られていない白い部分は「半分失敗」とします。失敗というか「未成功」と言うべきですが、簡単のため「半分失敗」と書いておきます。

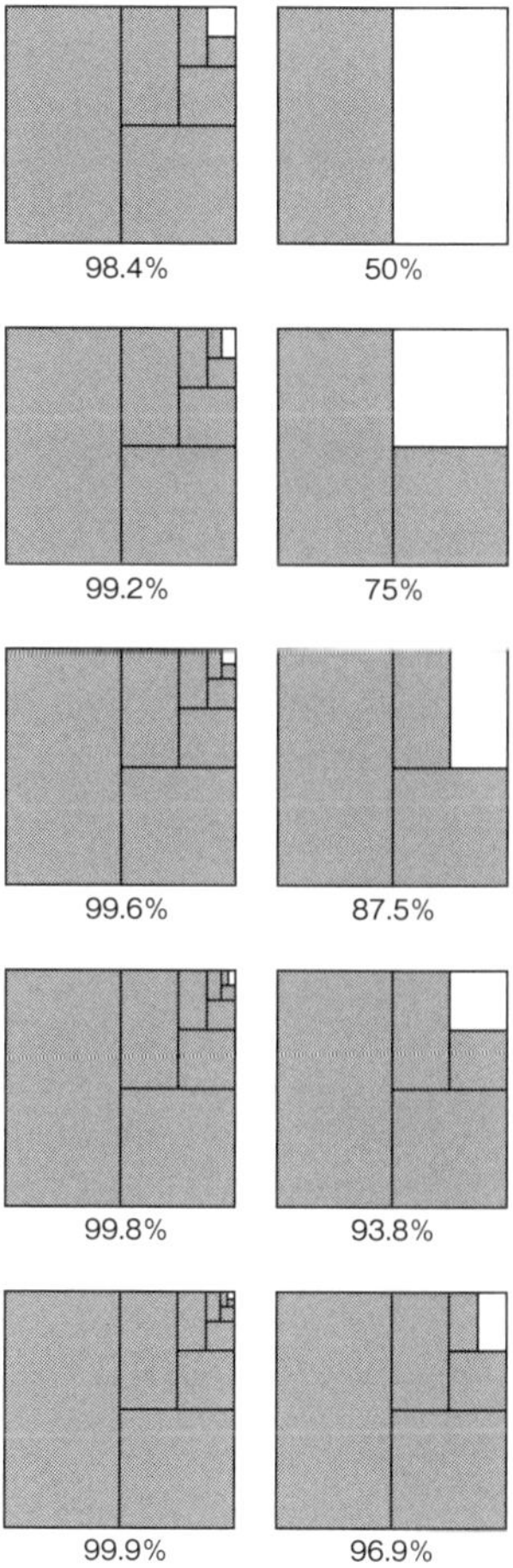

50%　75%　87.5%　93.8%　96.9%

98.4%　99.2%　99.6%　99.8%　99.9%

図2-5

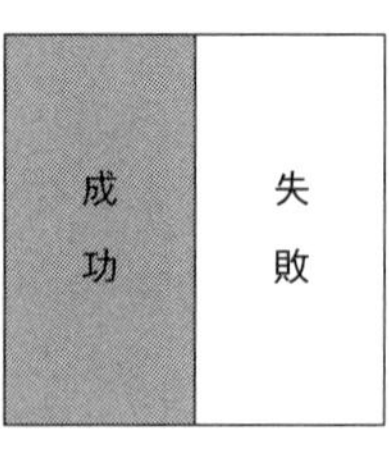

図2-6

わかりやすい例で考えましょう。テストで理解度が半分だなぁ、と思ったら「半分成功」です。これは自己申告です。100点満点のテストで50点とっても「半分成功」とは限りません。0点だったとしても、半分理解したと思ったら「半分成功」です。100点とったとしても、点数はとれたけど半分しか理解していないと思ったら、やはり「半分成功」です。

千佳　重要なのはこの次の段階です。「半分失敗」の部分を2回目のチャレンジで「半分成功」したら何%の理解度になりますか？

亜理紗　さっきの考えでいくと、75%です。

千佳　その通りです。たった2回の半分半分の理解で、四捨五入して約8割の成功になるわけです。

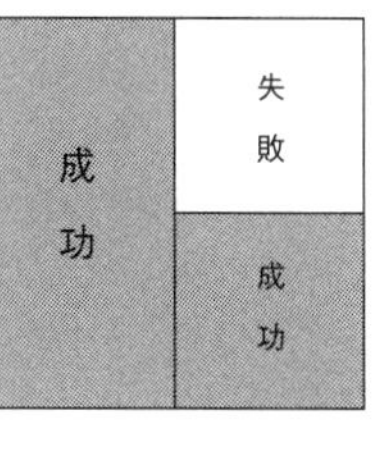

図2-7

亜理紗　その流れで考えると、さらに半分成功したら、87・5%になります。四捨五入すると約9割の成功です。

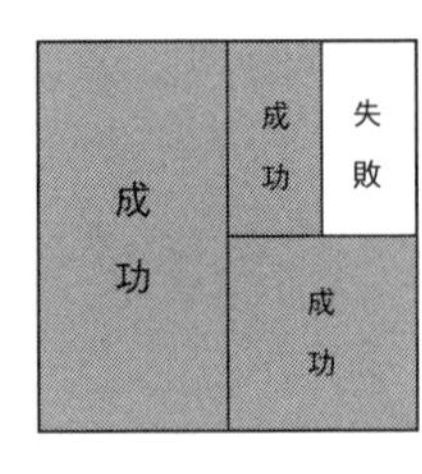

図2-8　87.5％の成功

千佳　そうなのです。だから、さっきと同じように、半分失敗を次の回のチャレンジで半分成功させて、その作業をずっと続けると、いつか100％になるわけです。

図2－9を見るとわかるように、3回目で8割を超え、4回目で9割を超え、7回目で99％を超えます。ほぼ100％です。つまり、自己申告で、半分わかったを7回繰り返せば、もうほとんどわかったことになるのです。七転び八起きの諺（ことわざ）は、この計算のことだったのか、と思わされます。

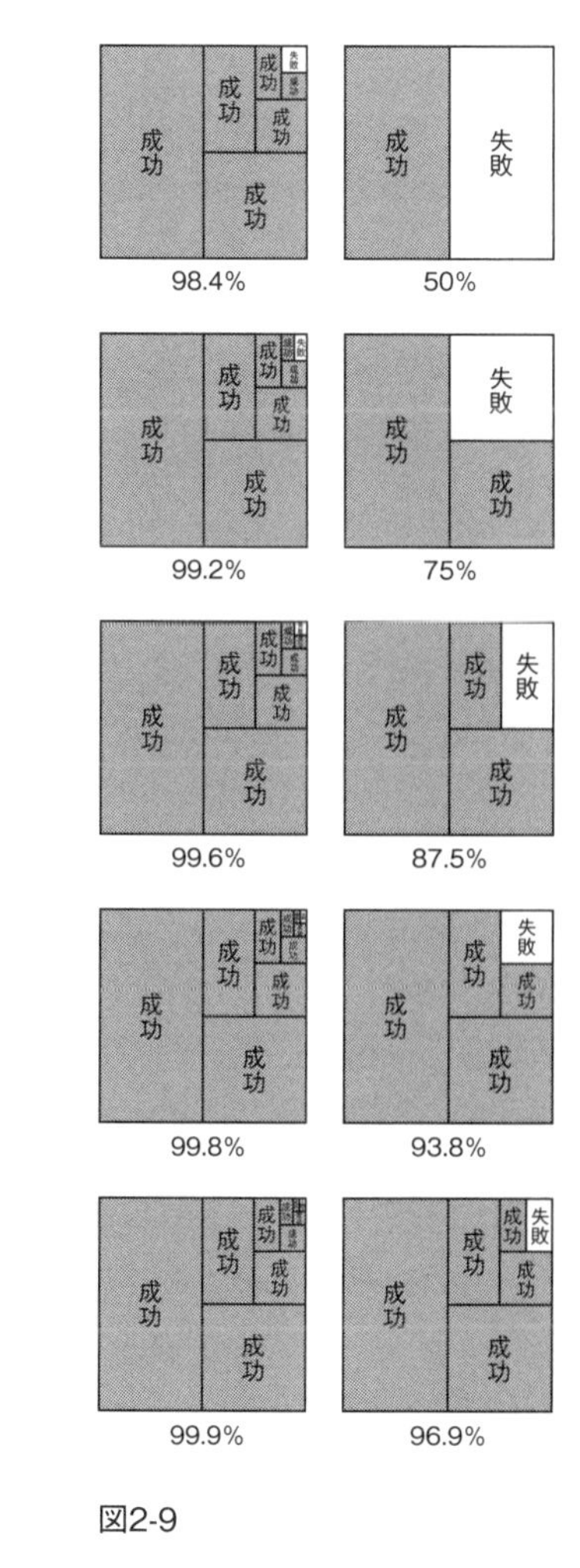

図2-9

努力は51回まででいい

理論的には、半分半分を無限に足していくと完全に100%になります。これは高校で習う数学の言葉で言うと、初項も公比も1/2の無限等比級数の和が1になることを意味しています。数学的にはそうです。習っていない人は、この言葉の意味は図2−9での「成功」の増え方を式にしただけと思ってください。

言いたいことは、現実はもっと「甘い（大雑把）」ということです。現実、つまりエクセルやグーグル・スプレッドシートなどの表計算ソフトを使って、半分半分を足していってみてください。1／2＝0・5、1／4＝0・25だから、0・5＋0・25＋……と計算させると、51回目で1になります。

図2－10を見るとわかるように、51回どころか、半分半分の値は、22回目の計算で正しい値からずれていますす（中央の列の太字網掛け。本当は最後は……620ではなく……625が正しい）。また、半分半分の和は早くも16回目で真の値ではありません（右の列の太字網掛け。本当は最後は……370ではなく……375が正しい）。いずれにせよ半分半分の和は16回目以降はずっと正しい値は計算されず、ついには51回目以降はずっと1になります。表計算ソフトによって多少の違いはあるものの、標準的な表計算ソフトでは有限回で1になります。もちろん、本当は無限に足さないと1になりません。表計算ソフトでは、単純な計算でも真の値を正しく算出してくれないことが多々あります。そのことを次のもっと簡単な例で実感してみましょう。

n	半分半分の値(2のn乗分の1)	半分半分の和
1	0.5000000000000000000000	0.5000000000000000
2	0.2500000000000000000000	0.7500000000000000
3	0.1250000000000000000000	0.8750000000000000
	………………………………	………………………
14	0.0000610351562500000000	0.9999389648437500
15	0.0000610351562500000000	0.9999694824218750
16	0.0000152587890625000000	**0.9999847412109370**
17	0.0000076293945312500000	0.9999923706054680
18	0.0000038146972656250000	0.9999961853027340
19	0.0000019073486328125000	0.9999980926513670
20	0.0000009536743164062500	0.9999990463256830
21	0.0000004768371582031250	0.9999995231682410
22	**0.0000002384185791015620**	0.9999997615814200
23	0.0000001192092895507810	0.9999998807907100
24	0.0000000596046447753906	0.9999999403953550
	………………………………	………………………
49	0.0000000000000017763568	0.9999999999999980
50	0.0000000000000008881784	0.9999999999999990
51	0.0000000000000001110892	**1.0000000000000000**
52	0.0000000000000002220446	1.0000000000000000

図2-10

例　表計算ソフトで０・１を１００回足しても10にはなりません。見かけ上は図２－11の右の列のように正しい計算が表示されます。しかし、実際の値は違います。図２－11の左の列のように小数点以下15桁まで表示すると60回足した時点で、本当は６なのに、それより目減りしていることがわかります。

小数点以下15桁	1桁
0.100000000000000	0.1
0.200000000000000	0.2
0.300000000000000	0.3
…………………	
5.800000000000000	5.8
5.900000000000000	5.9
5.999999999999990	6.0
6.099999999999990	6.1
6.199999999999990	6.2
…………………	
9.799999999999980	9.8
9.899999999999980	9.9
9.999999999999980	10.0

図2-11

以上の現象は、コンピュータで扱う数は、２進法による数で、小数点以下だいたい16

桁くらいで近似して丸められる計算（正確には浮動小数点数の倍精度計算）をしていることに起因します。実は０・１は入力した時点で真の０・１ではありません。２進法では０・１は無限桁の表現になるので有限桁に丸められるからです。理由はともあれ、現実もそう悪くはないわけです。現実は厳しい！　なんてことをよく言いますが、無限を扱えないのが現実だとしたら、数学からしたら現実は甘い甘い、と言いたくなる現象です。

甘い、厳しいの評価はともかく、半分半分の和を表計算ソフトを使って計算すると、51回で１００％を達成することを見ました。例えば、次のように換算してみましょう。「１回＝１日」とすると「51回＝２カ月弱」、「１回＝１週」とすると「51回＝１年弱」です。半分半分のチャレンジをもし努力というのであれば、たった51回の努力で目標達成となるわけです。努力において51という数は、大きく感じるかもしれませんが、無限に比べたら微々たるものです。数学＋現実を合わせると、勇気をもらえる気がしませんか。「ものはイイよう」と言いますが、「ものは良いよう」と言い換えて前向きに生きましょう。

「もうダメかも」のときのあと1回

昔、ジャイアント馬場という凄いプロレスラーがいました。どう凄いかはネットで調べてみてください。彼がインタビューで「鍛える」ことについて答えたときの言葉がいまでも頭に残っています。それは、例えば腕立て伏せをしていて、もう限界だと思ったときに、あと1回だけ頑張るというものです。その1回が過去の自分を超えることになる、と言っていました。きっと体ではなく心を鍛える話のわかりやすい例を出したのだと思いますが、そのエピソードを妙に覚えています。若い頃に聞いた話ですから、はなはだ記憶が不鮮明で不正確ですが、そういった趣旨の話だったように思います。

このエピソード、つまりあと1回行うと超える、という話は数学においても重要な事実として成り立っています。ぼくらが使っている数（実数、あるいは小数）には、ある性質が内在しています。その性質を次の例で実感しましょう。

例　1円玉の厚さを1・5㎜として、エベレストの高さを8848・86mとします。

このとき、計算上は1円玉を5899万9240枚積み重ねれば、エベレストの高さちょうどになって、それにもう1枚加えれば、世界一の高さの山を超えます。

まさに塵も積もれば山となるです。

この例を一般的な数学的事実として記述しましょう。

亜理紗　なぜ、一般的に記述するのですか？　エベレストと1円玉の例で十分にわか

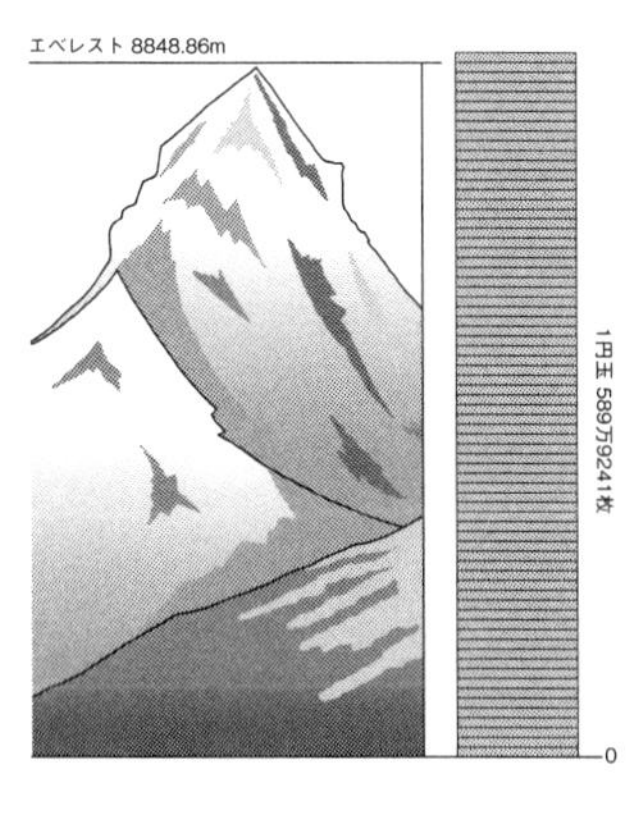

図2-12

りやすいのですが。

千佳　1つの具体例だけでなく、一般的・抽象的に記述しておけば、別の事例にも適用できるからです。一般化・抽象化は数学に限らず、学問を学ぶ上で大切な技法です。

まず、Mという正の数を考えます。これはどんなに大きくてもかまいません。高さMの山（mountain）の気分でMにしました（文字の選び方は気分と慣習です）。

dという正の数を考えましょう。これはどんなに小さくてもかまいません。高さdのちり（dust）の気分でdにしました（やはり、文字の選び方は気分と慣習です）。

このとき、

「Mがどんなに大きくても、そしてdがどんなに小さくても、dをN倍するとMを超える自然数Nがある」

という数学的事実が成り立ちます。つまり、dを（N回）足し続ければいつかはMを超えるということです。図2-13のイメージです。

大事なことは、ぼくらが使っている数はこのような性質を内包しているのです。あの

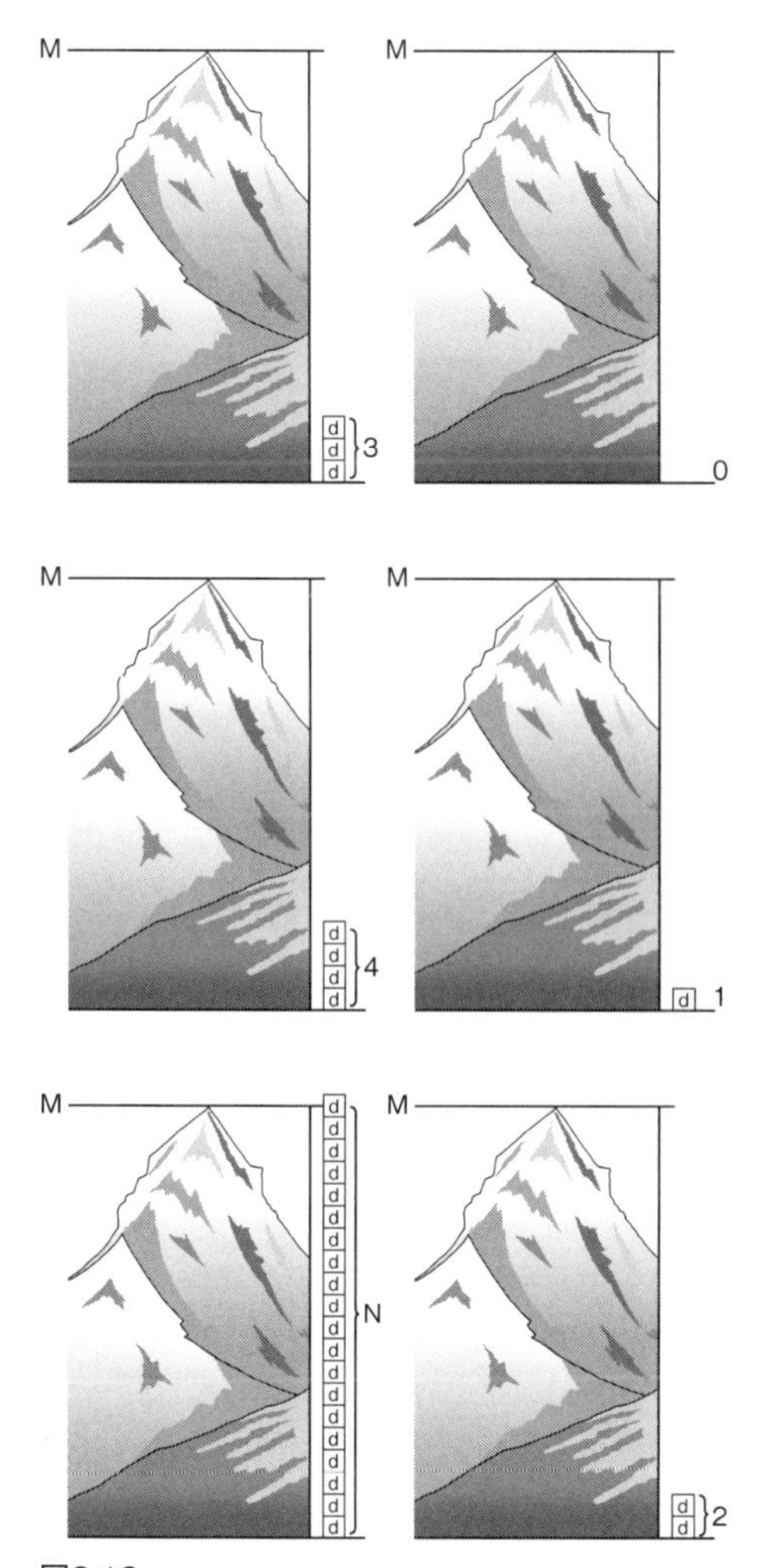

図2-13

有名なアルキメデスが言い出したので、この性質は、アルキメデスの公理、アルキメデスの原則、あるいはアルキメデスの原理などと呼ばれます。

千佳　たとえ話をしましょう。ここにある山があります。麓（ふもと）から見ると山はあるように見えますが、その山の頂上を見た人はほとんどいないという不思議な山です。そして、頂上に到達できると信じる人には存在して、少しでも疑う人には存在しない山です。麓から見ている限りは、頂上はあると素朴に思うので、誰の目にも山はあります。ある人がその山を登り始めました。登れど登れど頂上はまったく見えません。その人は途中で辛くなってきて、本当に頂上に行けるのだろうか、と疑念が頭をよぎりました。その瞬間、その人の足下から山が消えて、真っ逆さまに落ちてしまいました。

亜理紗　Mをその山の高さ、dを登る一歩の高さとすると、アルキメデスの公理からかならず頂上に到達できるから、頂上の存在を信じてよいということでしょうか。勉強とか練習とかしてても、ゴールが見えなくてこのまま続けててもよいのかなって、不安になることがありますが、そんなときはアルキメデスの公理を思い出すことにします。

数を使っている限り、あと１回の腕立て伏せで過去の自分を超えるとか、あと１枚の１円玉で山の高さを超えるなどというたとえは正統な数学的事実です。塵(ちり)も積もれば山となる、千里の道も一歩から、小さなことからコツコツと、などという諺(ことわざ)はいずれもアルキメデスの公理を諺にしたものに他ならないと言えるでしょう。

最後に、現実的に１円玉を積み重ねるのはけっこう難しいことを簡単に考察しましょう。１円玉一枚は１グラムです。だから５８９万９２４１枚積み上げたとき、一番下の１円玉は５８９万９２４０枚分の圧力を上から受けます。単純計算すると１８１６気圧です。世界一深いといわれるマリアナ海溝１０９８３ｍは、これも単純計算で10ｍ潜ると水圧が１気圧増えるとすると、マリアナ海溝の底は水圧が１０９８気圧以上ということです。その倍近くの圧力が一番下の１円玉にのしかかるのです、だから１円玉は潰れ、そもそも１円玉タワーは地面にめり込むでしょう。

では、どのようにしたら１円玉タワーは実現できるのでしょうか。こういった疑問をもつことは大切です。この思考は、数学を使った工学的な応用と言えます。数学と工学の考え方と動機や方向性の差異について、またそもそもなんで「なんで？」と思うのかについては、次の章で展開しましょう。

第2章のまとめ

・数学は心の助けになるものを内在している。例。塵も積もれば山を超える（アルキメデスの公理）。
・表計算ソフトは近似値で計算しているため、正しい計算結果が得られるとは限らない。

第3章　なんで？　仮説

　話していて面白い人、一緒にいて飽きない人とはどんな人でしょう。話し上手な人、聞き上手な人、笑わせてくれる人、楽しい話題を提供してくれる人、クイズを出してくれる人……。いろいろな人が考えられますよね。黙っていても安心できる人もいます。自分との相性もあります。ここでは、そういった家族とかよく知っている友達とかではなく、初対面ではないのだけれど、深くは知らないくらいの人を想定しましょう。大人になるにつれ、周りにはそういう人が増えてきます。

　例えば、知的好奇心をくすぐる話をする人は、興味深いですよね。知的な人とは、知識を披露するだけでなく、いろんなことになんで？　と疑問をもって、それに対して独自に考えている人です。この章では、サルとヒトとの違いの「なんで？　仮説」からはじめて、理解するとはどういうことか、大学の（主として理工系）科目の違い、そして、学校でさまざまな教科を学ぶ理由を探ってみます。

ヒトはいつからヒトになったのか

千佳　ヒトはいつサルからヒト（ホモ・サピエンス）になったのでしょうか。正確な区分けがあるわけではありませんが。

亜理紗　火を発見してから、という示唆的な映画は見たことがあります。

千佳　一般的に動物は火を嫌うわけですが、その怖い火を制御できるようになり、食べ物に火を通すことを覚え、そして、サルからヒトになったというイメージはあります。火を使えば、消化不良にならない食べ物も増えたでしょうから、火を使って食べられるものの量が増えたという判断はなされていたと思います。つまり量の大小関係は構築できていたと考えられます。しかし火を使ってからがヒトだ、というのは単純化し過ぎてストーリーとしては即物的で少し面白くないから、もう一歩踏み込んで、「対応」を発見してからがヒトだ、という考え方もあります。

亜理紗「対応」って、なんでしょう?

千佳　現代の言葉で言えば、ものと自然数との対応です。動物の群れがあったとき、

図3-1

動物一頭に対して、石ころを１つ「対応」させたとします。動物と石がきちんと一対一対応していれば、動物が10頭いたら石ころは10個になります。逆に、石ころの数を数えれば、そこに動物がいなくても、動物の群れを実際に見ていなくても、動物の頭数がわかります。石ころの代わりに、骨に刻みを入れて、何かの個数を数えていた形跡もあります。骨は運べますから、モバイル式のカウンターといえます。

火をおこしたり、「対応」させるだけでもたいしたものですが、いま一歩、ヒトの手前という感じがします。仮に現代人をヒトの完成形だとすると、火と対応を知っただけの哺乳動物とヒトの完成形との距離がかなり遠い気がします。そこで、現代的なヒトに繋（つな）げるためにもう一歩踏み込んだ条件を課した判断基準を設定します。それは、火を通した食べ物の方が良いとか、生の方が良いとか、食べる食べないなどだけでなく美味しいか美味しくないかの質を見極める感性が備わってきたか、です。そして美味しくなった理由を疑問にもったか、です。

数学的には、美味しい食べ物を皆でシェアできるか否かの判断は、個数を偶数か奇数かのように分類することに関連していると考えます。例えば、3つの食べ物を2人で分けられるか。4つの食べ物を3人で分けられるか。4つの食べ物を2人で分けたとき、1人2つずつという選択をすることができるか。

ものとものとを対応させることや数えることは高度に抽象的な行為です。

筆者が幼かった頃、祖父母の家に住んでいた曽祖母の頭の働きが鈍くなり、いまから考えると恍惚(こうこつ)とした状態になりました。そのとき、曽祖母が虫の名前は覚えていたのに、数が数えられなくなった事態を目の当たりにしました。いわば煎餅(せんべい)という言葉は覚えていても、煎餅が何枚かを表現する知的手段が頭からなくなってしまったのです。年をとると人は生まれたところに回帰していくものかもしれないと幼心に感じました。

どこからヒトになったのか、その転換点を整理しましょう。

（1）火を使ってから？……【大雑把な量。量が多いか少ないか】
（2）数えることを発見してから？……【量を数える行為。自然数との対応】
（3）美味しいなどの質を感知し、なぜ美味しくなったのかと疑問をもってから？……【数の性質の把握。偶数か、奇数か】

ヒトと呼べるのは（3）からという仮説も面白いと思いませんか。なんで美味しくなったのか？　それは火を使って調理したからなのか？　こういった疑問をもちつつ、量から質に転化したときに一皮むけて進化を遂げたと考えるのです。だから「なんで？　仮説」と名付けます。（1）や（2）をクリアしてヒトになった、と定義してもよいですが、「なんで？　仮説」ではこの時期はサルからヒトへの過渡期と見なします。

例えば、水をどんどん冷やしていくといつか氷になります。しかし、静かに冷やすと0℃になってもすぐには凍らなくて、マイナス15℃くらいまでは液体の状態を維持することがあります。この状態の水を過冷却水といいます。そして、過冷却水に衝撃などが加えられると瞬時に凍っていわゆる氷になります。

水の状態がサルだとしたら、（1）（2）は過冷却水の状態でまだ氷とは言えません。量質転化し氷結した（3）で現代人に繋がるヒトになったのです。こういう推理は、正しい正しくないというものがありませんから、読者のみなさんも大胆な仮説を立てて楽しんでください。

現象を数学的に理解する

ここまでの章で話題に挙がった考察対象を図式化してみましょう。
まずは、序章で紹介したリングの移動をしたときの思考過程を図式化します。
ただし、図中にある
1＋1＝0　は、奇数＋奇数＝偶数
0＋0＝0　は、偶数＋偶数＝偶数
という意味です。

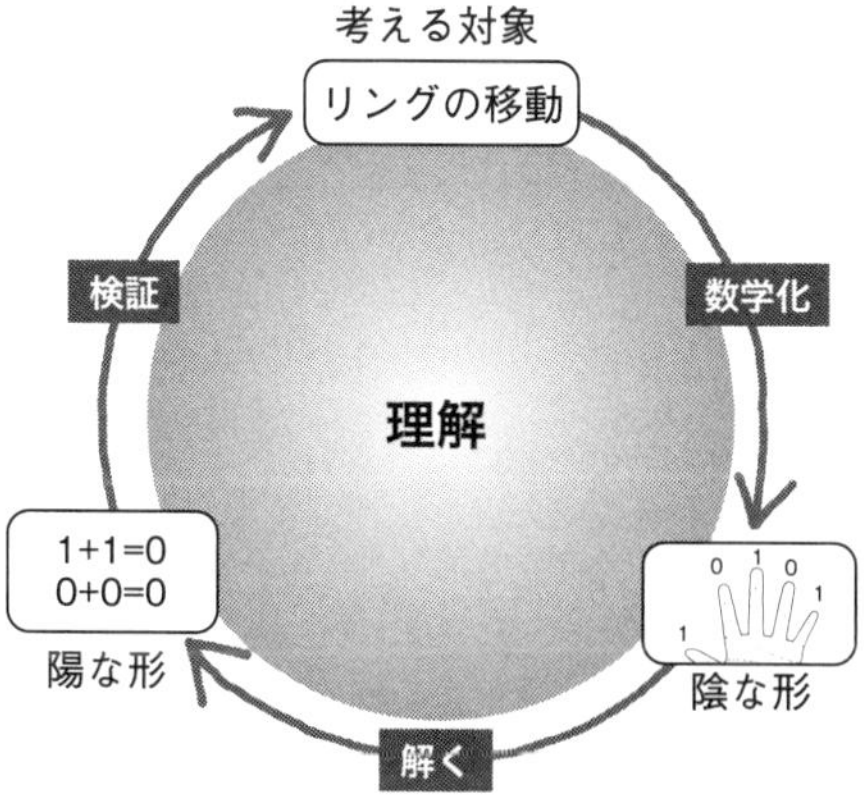
考える対象
リングの移動
数学化
陰な形
0 1 0 1 1
解く
1+1=0
0+0=0
陽な形
検証
理解

図3-2

奇数は、２で割ると余りが１です。どんな奇数でもそうですから、余りが１の奇数と余りが１の奇数を足すと、余りが２になります。余り２を２で割ると余り０になります。偶数は、２で割ると余り０です。奇数＋奇数の結果を２で割ると余り０になるので、奇数＋奇数＝偶数となります。これを1＋1＝0と書きます。正確には、1＋1≡0のように、等号を3本線の≡で書きますが、ここでは、混乱しないでしょうから、＝を余りの計算における≡の意味で書きました。

亜理紗　そう考えると、0＋0＝0は、余りが0の偶数と余りが0の偶数を足したら、やはり余りが0の偶数になるという計算になります。

千佳　その通りです。リングを移動した回数を偶数か奇数かで分けて指に番号を振ると、最初の人差し指は移動回数0なので0です。その両隣は奇数回の移動になるので1です。そして薬指は偶数回の移動で到達できるのでやはり0です。同じように考えると小指は1になります。結局、10101と番号が振られます。まず問題をこのように数学化できました。この作業を①とします。次に偶奇の足し算の性質を導き出しました。この作業は解くことに相当し、これを②とします。最後に、偶数回移動、奇数回移動を意識して、再度リングの移動を再確認すれば納得できると思います。これが検証、あるいは検算と言われる作業になります。これを③とします。

必要な3つの作業をまとめると、次のようになります。

①数学化＝考察対象（問題や現象）を数字や数式という陰な形に書き起こす作業
②解く＝陰な形を陽な形に同値変形する作業
③検証＝陽な形がちゃんと考察対象の答えになっているかを確認する作業

この3つの作業を順次、推論すること、つまり「ぐるぐるの図」に象徴される論理的なプロセスを推し進める思考を経て、考察対象をわかることを「理解」と呼びます。理解したい、という欲求が体の内側から湧いてくる淵源は、なんで？という動機です。人によって動機の強弱はあるにせよ、誰もがなんで？と思います。「なんで？仮説」に基づけば、それがヒトだからです。

次に、面積2の正方形の一辺の長さも求めました。この思考過程を図式化します。

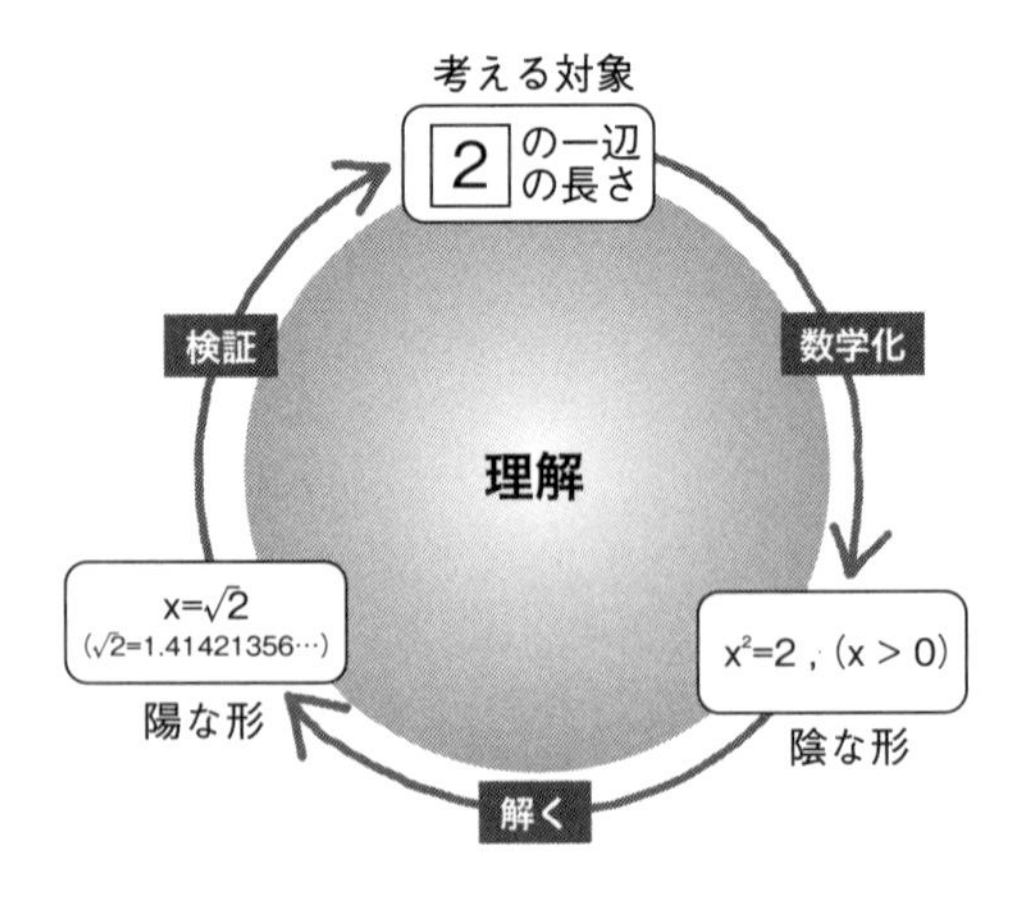

図3-3

例えば、一辺の長さをxとおくと、xの2乗が面積2になります。もちろん、一辺の長さは0より大きいからxは正の数です。これらの数学的表現が陰な形です。これを解くと、xは$\sqrt{2}$になりますが、$\sqrt{2}$の意味は、2乗すると2になる正の数でしたから、この意味では解いたことにはなっていません。$\sqrt{2}$は、2乗すると2になる

1.41421356（一夜一夜に人見頃）……

と無限に続く無理数であるという実体（数論的な性質）を把握することが真の意味で解いたことになります。そうしないと検証できません。実際、几帳面な検証は次の不等式が成り立つことを確認します。

1.4の2乗 $<$ 2 $<$ 1.5の2乗
1.41の2乗 $<$ 2 $<$ 1.42の2乗
1.414の2乗 $<$ 2 $<$ 1.415の2乗
1.4142の2乗 $<$ 2 $<$ 1.4143の2乗
1.41421の2乗 $<$ 2 $<$ 1.41422の2乗

小数点以下最後の傍点の数字は、0、1、2、……のように、2乗して2を挟むまで1つずつ増やして探します。例えば、1・1の2乗、1・2の2乗、1・3の2乗、1・4の2乗、1・5の2乗、と増やしていって、最初の不等式が得られます。

このように続けていって、ついに、

1.41421356の2乗＝1.9999999932878736

1.41421357の2乗＝2.0000000215721449

を得ます。前者（一夜一夜に人見頃の２乗）と２の誤差が１億分の１よりも小さくなることがわかります。この操作を続けていって$\sqrt{2}$の実体に迫ることができます。限りなく肉薄できる論拠に前章で述べたアルキメデスの公理が使われます。

後者の２との誤差も１億分の１よりも小さいですが、前者の方が２に近いことと、「頃（５６）」が「粉（５７）」になってしまい語呂が悪いので不採用。語呂はともかく、どのくらいの近似精度が欲しいのかという検証を通して、１・４で十分なのか、１・４１４２１３５６くらいが必要なのか、陽な形が考える対象に活かされます。

最後に、Ｌ字の土地の面積を２等分した思考過程を図式化しましょう。

亜理紗　陰な形に数字や数式が出ていません。

千佳　良い点に気が付きました。例えば、次のように記号化することはできます。

L字の土地を図形Aと図形Bに分けるとします。2等分に分割するので、

Aの面積＝Bの面積＝L字の面積の半分

が成り立ちます。

また、AもBも凹みが1つという条件なので、凹みが1つで、図形を構成する辺が縦線か横線であるという意味では両方ともL字と同じ条件です。このことを

A⇕B⇕L

と書くことにします。

さらに、AとBは図形として合同です。つまりAとBは、そのままか裏返すとぴったり重なります。これは、

A≡B

と書くことにしましょう。

以上のように書けば記号化できますが、＝やら⇕やら≡やら、いろいろな意味で等し

いという等号記号の意味を説明しなければなりません。この1つの問題に対してだけ記号化を行うのは、言葉で説明するよりも冗長になって、やっかいです。しかし、この種の類似問題をたくさん考える必要が出てきたら、記号を定めておいた方が繰り返し使え

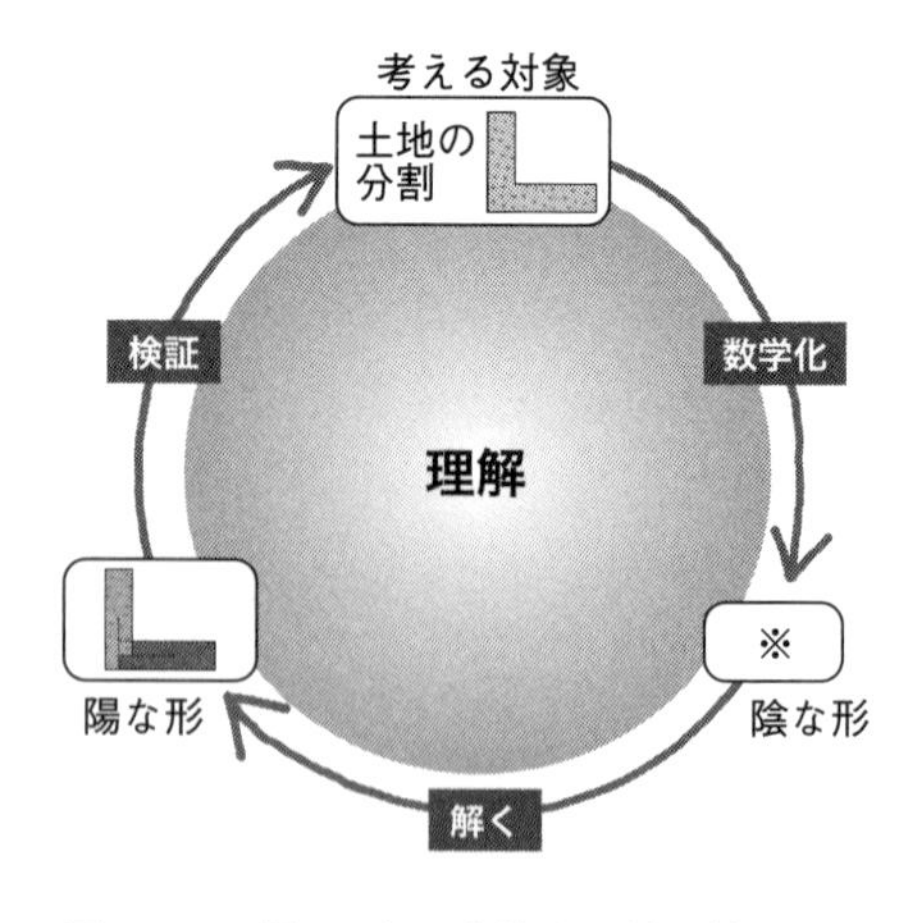

図3-4 ※問 L字の土地を面積が等しく、同じ形、あるいは反転すれば同じ形の2つの土地に分割せよ。ただし、各土地の境界線は縦線と横線だけで構成し、各土地に1つだけ凹みがあるようにせよ。

るので断然スッキリします。

いずれにしても、陽な形として、土地の形が求まります。所望の分割の仕方はこれしかないこともすぐにわかります。凹みが1つということは、長方形の四隅のいずれかを凹ませるしかないから、凹ませる場所は定まります。あとは、どのくらい凹ませるかですが、AとBが合同になるような凹ませ方は1つしかありません。

こうして、解が求まります。この場合、解が求まった時点で検証は終了していると言えます。もちろん、紙を切り取って確かめることにより、百聞は一見に如かず（これを押し進めて、百見は一試に如かず）で、相手にものを使って説明することができるようになるので、自他共に納得可能な理解を得ることができます。

以上3つの例をもっと一般的な形に敷衍（ふえん）して図式化しましょう（図3－5）。

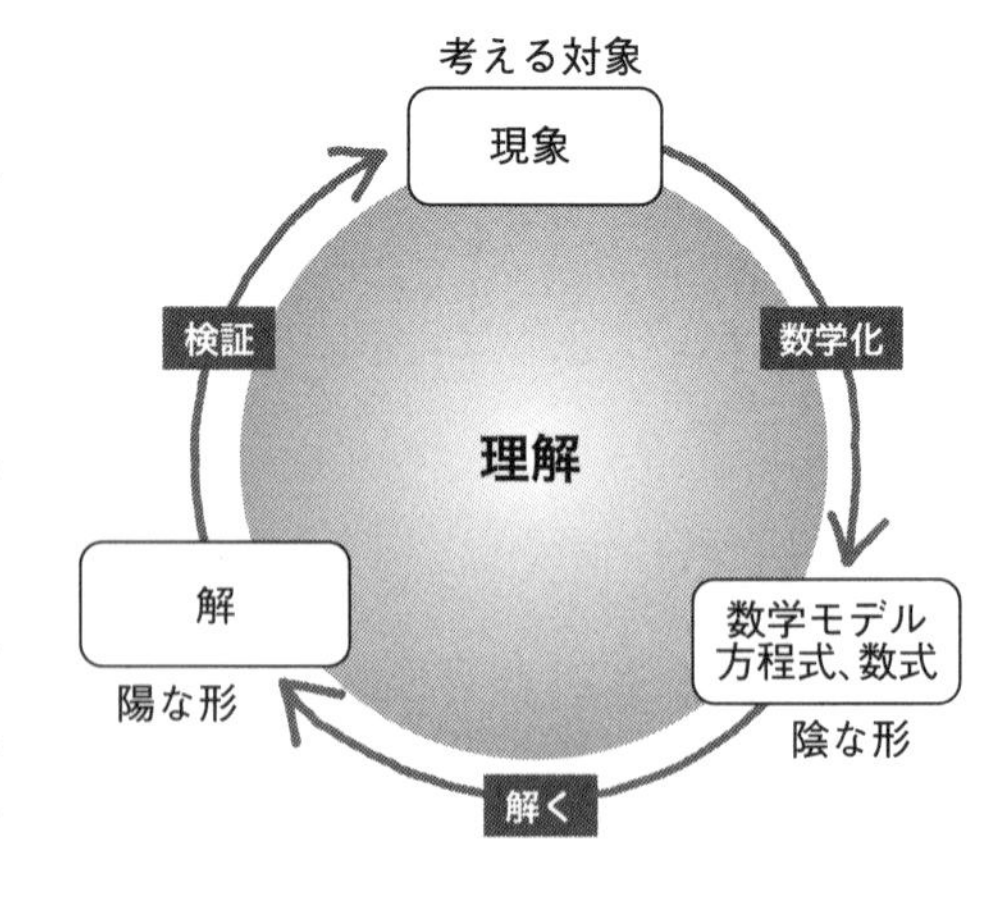

図3-5

さらに、いままで見てきた考え方から、太線に囲まれた部分（図３－６）ほぼすべてが数学といってよいことがわかります。与えられた問題を解くだけが数学ではないのです。

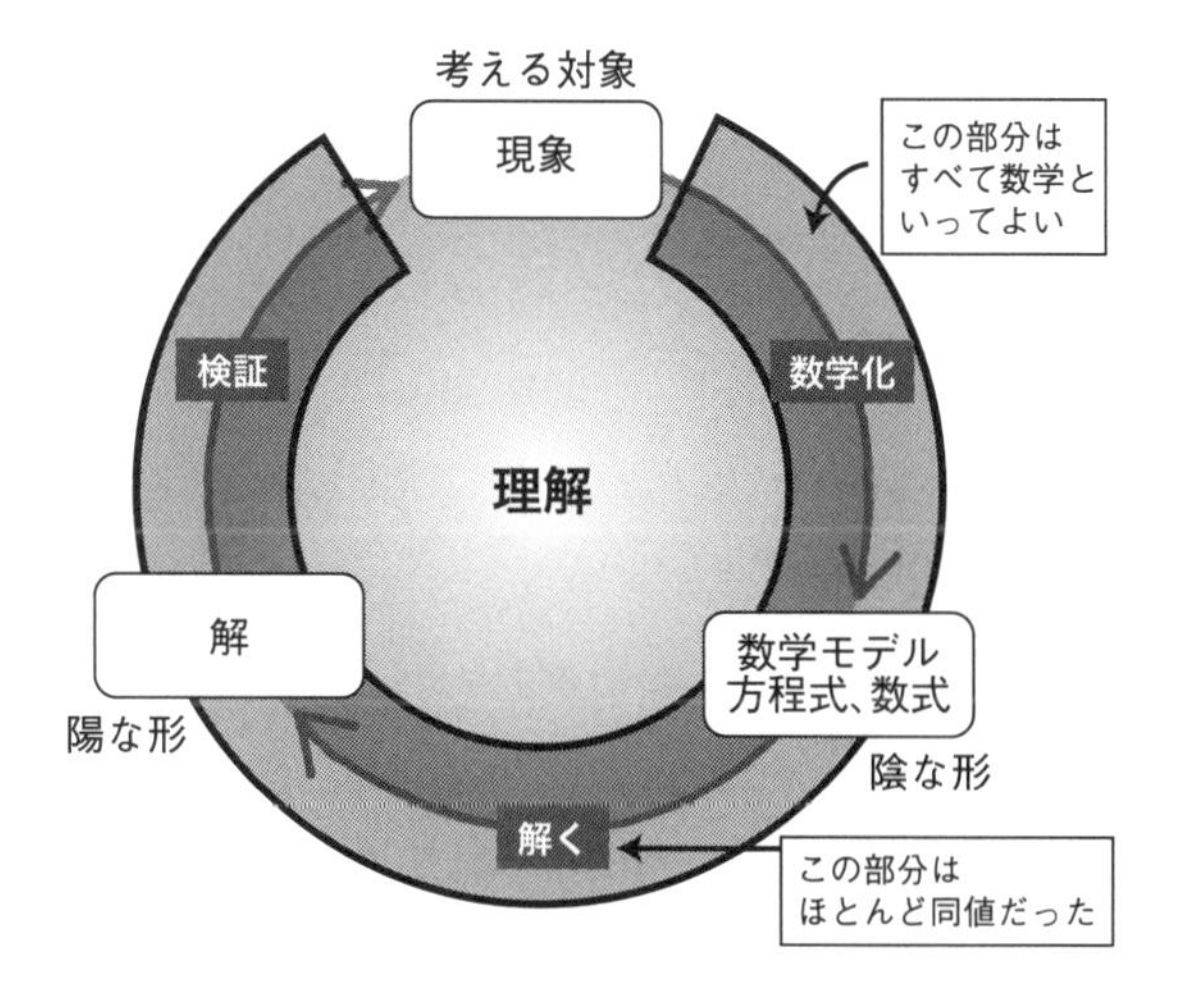
考える対象
現象
この部分は
すべて数学と
いってよい
検証
数学化
理解
解
数学モデル
方程式、数式
陽な形
陰な形
解く
この部分は
ほとんど同値だった

図3-6

となると、考える対象（現象）を数学的に理解するというプロセスを簡略化した図としては、もはや図3－7で十分です。

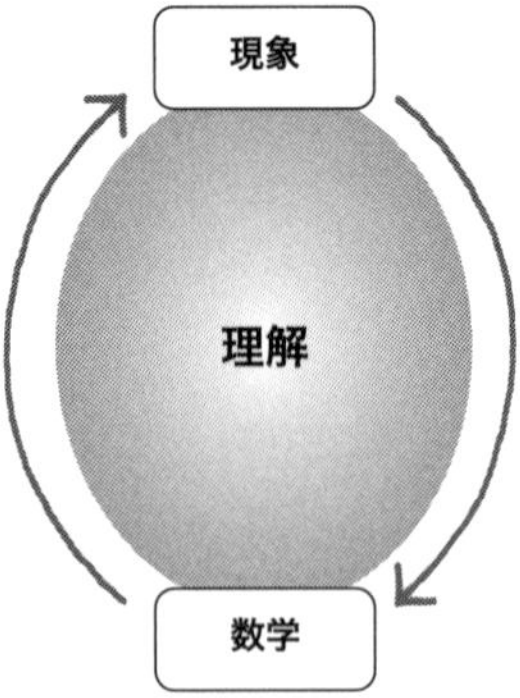

現象
理解
数学

図3-7

学校でさまざまな教科を学ぶ理由

いままでの話は、現象を数学的に理解するという話でした。しかし理解する手段は数学だけではありません。理工農系分野に限っても、物理、化学、工学、農学、などさまざまな分野があり、それぞれの学問分野によって理解へのアプローチが異なります。

どのように異なるかは、それぞれの分野をそれなりに学ばないと本当のところはわかりませんが、ここでは大胆に、それらの差異を簡単な一つのキーワードで表してみます。

図3－8を見てください。空欄があります。各空欄に当てはまると思われるキーワードを、「数学は【〇〇〇学問】である」のように考えて、〇〇〇をキーワード群から1つ選んで埋めてください。もちろん正解・不正解があるわけではないですが、私の経験だけでなく、私の周りの各分野の専門家との会話の中から生み出されたキーワードです。大いに主観は入っていますが、そんなに的外れではないはずです。

ところで、経済学、言語学、生物学などは空欄がありません。その他、文学、美術、音楽、芸術、歴史、国際関係、文化人類、政治、法学、経営、医学、心理、運動（スポーツ）など多くの「……」の分野もあります。読者の皆さんはそれぞれの考えで、記述していない分野を挙げて、それぞれに一言キーワードを付与して楽しんでください。

キーワード群（ダミーワードが1つあります）

どうなっている？

こうかな？

どこにむかう？

どうなる？

どうしたい？

どうでも？

どうする？

どうして？

どうつなぐ？

どれだけ？

どうすすめる？

どうつくる？

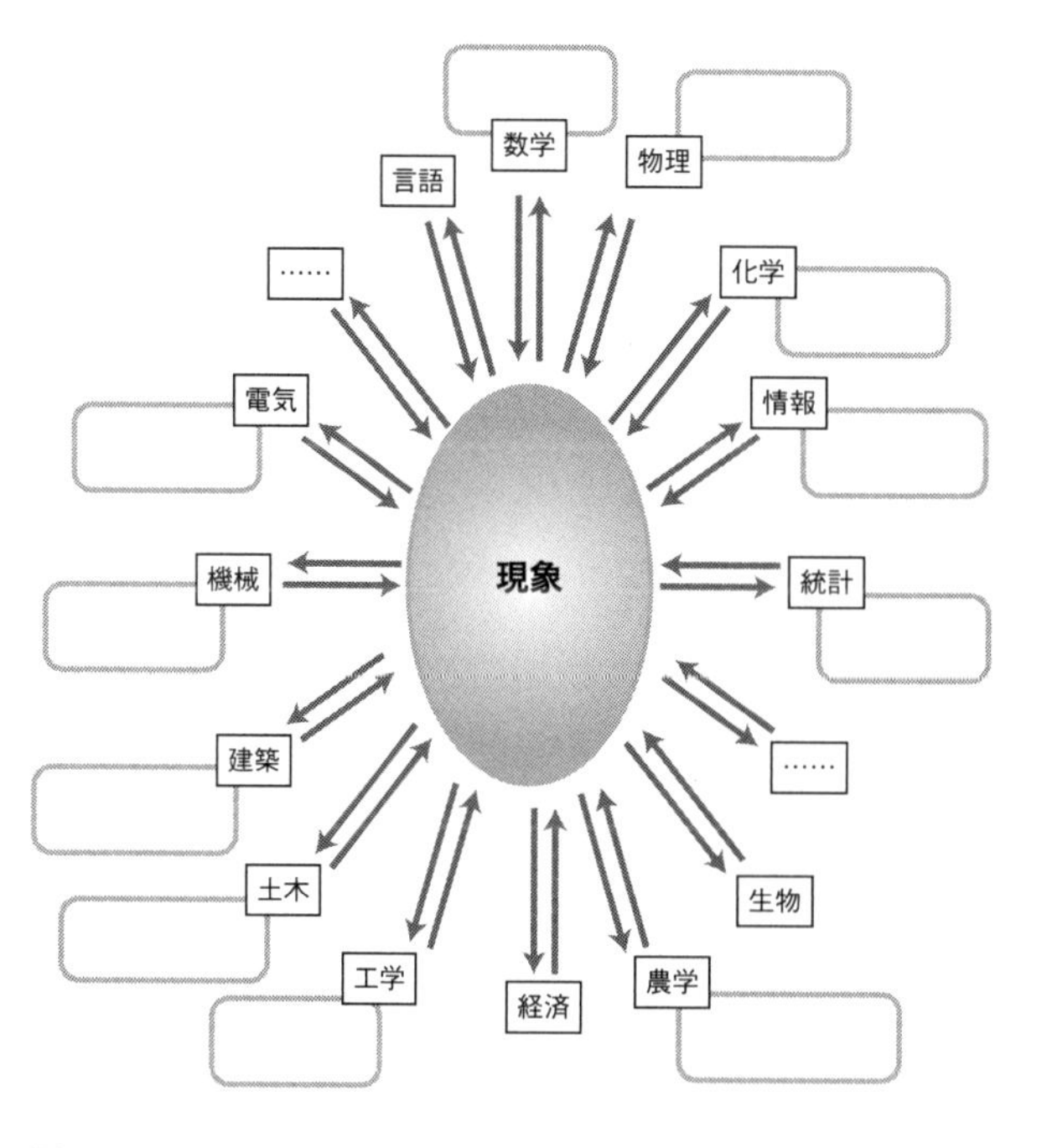

図3-8

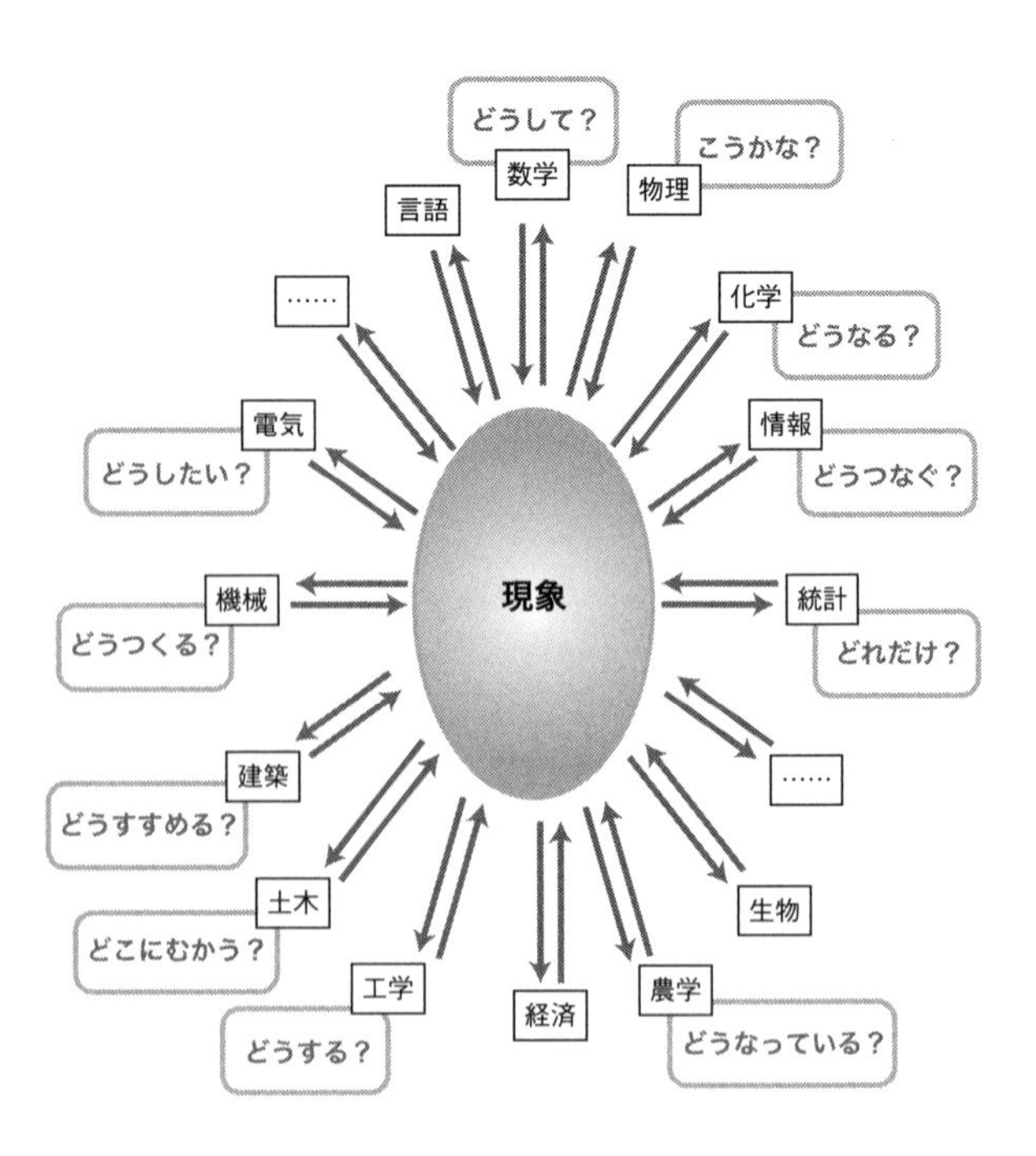

どうして？
数学
こうかな？
物理
言語
……
化学
どうなる？
電気
どうしたい？
情報
どうつなぐ？
現象
機械
どうつくる？
統計
どれだけ？
……
建築
どうすすめる？
生物
土木
どこにむかう？
工学
どうする？
経済
農学
どうなっている？

図3-9

例えば、図3－9のように埋めてはいかがでしょう。ダミーワードは「どうでも？」です。

数学【どうして？　学問】数学は、いままで見てきたように、なんでなんで、どうして？　学問です。疑問を深く追求する学問と言ってもよいでしょう。数学の中には、代数学や幾何学、解析学などいくつかの分野がありますが、それについては後述します。

工学【どうする？　学問】工学は、計画して、ものを作る学問分野です。乗り物を作る、建物を建てる、電気を通す、橋を渡す。だからさてどうする？　という動機から始まる学問です。工学は実学的側面が大きいです。以下の「機械」「土木」「建築」「電気」などの各分野は伝統的に工学系の学問分野に分類されます。

「物理」や「化学」は「数学」と同じく一般的には理学系に分類されます。しかし、物理工学、化学工学という分野もあります。また、物理も化学も実験系と理論系のように分類することもあります。「情報」や「統計」は機械学習や生成ＡＩなど数学と言ってよい部分もありますし、ソフトやハードなど工学的に重要な部分もあります。結局、理学と工学というように、共通部分なくきっちり分けることはできません。また、無理に分けても意味はありません。

亜理紗　図３－９の学問分野のラベルの位置に意味はあるのですか？

千佳　ラベルの場所は少し意識した部分もあります。例えば、工学と農学は工業、農業という言葉があるように、どちらも生業として成立している分野です。つまり経済なくしては語れない側面もあるので近くに置きました。しかし、経済学自体は数学なくして語れませんので、数学の近くに置く方が適切かもしれません。

それぞれの学問分野が有機的に絡み合っているので、ベストな位置を2次元平面に書くことは無理があります。このような分類は便宜的なものであって、分類にとらわれすぎて視野が狭くなるのは本末転倒であることに注意してください。

さて、数学は「どうして？　学問」、工学は「どうする？　学問」と言いました。もちろん、どうして？　と思う中で、どうする？　と考えることもありますし、どうする？　と計画を練っている間にどうして？　と感じる場面も多いのは当然です。これらの一言キーワードは、専門家が当該分野の研究を続けていく中で培われた反射神経的に反応するキーワード、あるいは動機的なキーワードと考えてください。

化学【どうなる？　学問】化学物質AとBを混ぜて反応させたら、どのような生成物ができて、どうなる？　という素朴な疑問に端を発する学問と言えます。また、自然には存在しない物質を作ったり、自然に存在する物質に近い物質を作ったりします。物質の構造や特徴、あるいは反応や相互作用を調べる学問です。

物理【こうかな？　学問】物理にはこの世界はこうかな？　という仮説を立てて、世界を眺めるという側面があります。地球は平らなのかな？　太陽が地球の周りを回っているのかな？　この世界はニュートンの万有引力の法則で成り立っているのかな？　などの仮説は次々と精緻にアップデートされてきました。世界の形に着目した場合、数学の幾何学と親和性が高く、物体の運動に焦点を当てると数学の解析学に接近します。

機械【どうつくる？ 学問】機械は生活のありとあらゆる場所に現れるので、さまざまな分野の特性がありますが、総じてものを作る分野です。先の「ぐるぐるの図」に対応させると、現象（対象）に対して、計測（センシング）を行いモデルを立てます。そのモデルはたいてい解けませんから、シミュレーションを行いモデルの（近似）解を見つけます。そしてその解をもとに製品を作って世に出して、現象（対象）に介入します。このようなサイクルを繰り返す分野と言えるでしょう。

建築【どうすすめる？ 学問】建築を大雑把に分けるとデザイン系とエンジニア系に分かれます。デザイン系は一つの建造物がある場合とない場合で情景も含めた環境がどのように変わるかに着目します。例えば、建造物の個数をNとしたときにN=1に着目する分野がデザイン系です。エンジニア系の分野は道路、マンション群、ビル群など多数の建造物を対象に耐震性、耐火性、耐久性などの建築基準を算出することは重要な仕事の1つであるので、象徴的にN≧2の分野です。いずれにしても、広い意味での設計をもとに「どうすすめる？　学問」です。ガウディによって設計され現在も建築プロセスが進行中のサグラダファミリアは、どうすすめられるのか、世界中が注目しています。

土木【どこにむかう？　学問】土木工学は英語だとcivil engineeringというように、市民のための社会基盤を構築する学問です。例えば、市民の対義語を軍人としたら、ロジスティックス（logistics）は市民に対しては物流、移動という意味ですが、軍人に対しては兵站（へいたん）という意味になります。建築に近い分野ですが、違いを標語的に述べると、地面の下側が土木、上側が建築となります。市民の幸せのためにどのような社会基盤を作るかが主題となるため、どこに向かうのかを意識する学問といえます。

電気【どうしたい？　学問】電流は電圧の高いところから低いところへ流れるという原理のもとで、小さい電池から送電など大きな電力まで、極めて異なるスケールを対象にしています。別の例を挙げると、脳の中は電気信号が飛び交っていますので、脳の解析に電気工学の知見は欠かせません。筋肉の運動もそうです。さまざまな観点からシステムの構築が重要な論点となり、どのような選択をするのかが問われます。あなたはいったいどうしたい？

農学【どうなっている？ 学問】農学はいろいろな方向の分野に分かれます。工学と農学には「業」がついて、それぞれ工業と農業となりますが、理学にはつきません。業がつくということは、工学にも農学にも自然に政策的な分野が内在しています。例えば、地域政策や農業政策は農学分野です。ここで言う「どうなっている？」は、農学の中でも品種改良のような生命科学の分野を想定しています。品種改良はＤＮＡの解析が必須です。生命の神秘に触れるわけですから、生命ってどうなっているのか、という疑問はつねに沸き起こる学問分野です。

統計【どれだけ？ 学問】統計学は何をしている分野なのか比較的わかりやすいでし

ょう。いろいろな数値データを扱いますから「どれだけ？　学問」です。高校数学では確率・統計とまとめられますが、考え方のアプローチは真逆であることに注意してください。例えば、コインの裏表がそれぞれ出る確率を1／2とする数学モデルから出発する学問分野が確率です。一方、コインをたくさん投げると確率が段々と1／2に近づいていくかなと考える分野が統計学です。確率と統計はもちろん親和性が高いですが、スタート地点とアプローチの方向が逆です。確率は数学ですが、統計学は実験科学や情報分野に近いと言えます。機械学習のような先端研究は、統計、数学、情報など多くの学問領域に跨がります。こうした学問領域も増えてきていますので、はっきりと区分けできない学問がたくさんありますし、また区分けする意味もありません。

情報【どうつなぐ？　学問】現代的、現実的に平たく言うと、コンピュータのソフトウエアやハードウエアに関わる分野です。その本質は、人と人をネットワークで繋ぐ、人とものをネットワークで繋ぐ（IoT）、コンピュータとコンピュータを繋ぐ（並列処理）、人と人工知能（コンピュータ）を繋ぐ（例えばChatGPT）などのように、いろいろな意味で繋ぐことが主題となる学問といえます。

数学をさらに分類すると、代数、幾何、解析のように大きな学問領域があって、それぞれに一言キーワードがあります。それらは図３－10に集約できるでしょう。

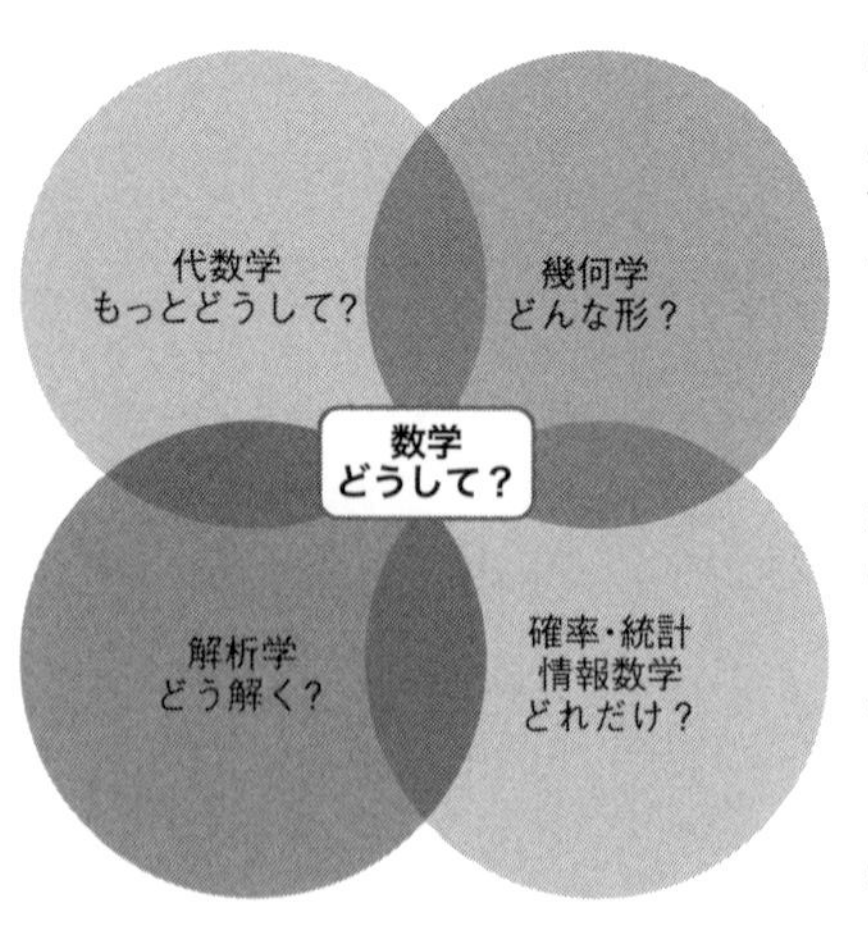

図3-10

代数学【もっとどうして？　学問】代数学は、数や演算を扱う数学で、数って何？演算って何？　方程式を解くとはどういうこと？　といった数学のより根源的な疑問を追求する分野です。

幾何学【どんな形？　学問】幾何学は、宇宙の形は？　4次元空間の形は？　といった形を調べる数学です。世界はどのような形の可能性があるのでしょう？　世界1、世界2、……のように仮定することもあります。この姿勢は物理と類似しています。古代エジプトではナイルの氾濫(はんらん)の後に土地の区画整理のために測量が行われ、そこから土地(geo)の測量(metry)という実用上の目的から図形についての学問、幾何学(geometry)が生まれたことはよく知られています。数学における「エジプトはナイルの賜(たまもの)」です。

解析学【どう解く？　学問】解析学は、微分積分学が発展して、微分方程式などを解くことを目指す分野です。微分方程式はさまざまな現象を表すモデル方程式として現代では欠かすことのできないもので、それをどのように、そしてどのような意味で解くのかを考える数学です。

確率・統計、情報数学【どれだけ？　学問】これらをまとめた言い方はありませんが、親和性の高い、ある種のまとまった分野です。機械学習、ＡＩやコンピュータ科学にも関わる比較的新しい学問領域ですが、データを扱うという意味では見方によって古参な学問領域と言えます。先に述べた「情報」や「統計」の数学的側面といってもよいです。データの定量的・定性的性質を扱うので、「統計」と同じく「どれだけ？　学問」としました。

さて、ほんの一部だけの分野のキーワードを挙げましたが、もちろんこれらの分野をすべて深く学ぶことは難しいでしょう。だから、いろいろな人と協働して学ぶことが大切です。そのためには、自分の好きな分野（勉強）だけでなく、ちょっと苦手かもしれないと思う分野でも、毛嫌いせずに、まぁ、先生も一生懸命教えてくれるし嫌いにならないであげましょうくらいの鷹揚な気持ちで十分ですので、ほどほどに許容しておくことが大事です。そうすると、将来、協働して仕事をすることに苦悩しません。

自分の好きなことだけやっていればいい仕事なんてありません。地球温暖化、食料危機、経済格差など、世界が抱えるさまざまな諸問題は、１つの学問分野だけで解決できない問題ばかりです。

もちろん問題解決のためだけに勉強するわけではありません。理路整然とした先人たちの知恵の結晶を目の当たりにすると、澄み切った森林の中で深呼吸したときのような気持ちになります。紀元前から未解決の問題に対峙すると、前人未踏の世界へ踏み込む、ある種の憧憬にも似た感情が沸き起こります。

視野を広げて、ゆったりといろいろな分野の特徴を楽しんでください。根底には「なんで？　仮説」があります。なんで？　を突き詰めていって、各分野が発展してきました。


だから学校でさまざまな教科を学ぶのです。

第3章のまとめ

・「なんで？　仮説」は「火→数えること→質の感知」の発見を経てサルからヒトになった仮説である。

この発見の裏には「数の多寡→自然数との対応→数の偶奇」という数学的進化の背景がある。

・理解のプロセスは「ぐるぐるの図」に象徴される。

ぐるぐるの図

【現象】→〈数学化〉→【モデル】→〈解く〉→【解】→〈検証〉→【現象】

・さまざまな科目を学ぶ理由は、理解のプロセスにさまざまな学問のアプローチがあるからである。

第4章 「公式を覚えろ」と言われました

亜理紗 「公式を覚えろ」と言われたことがあります。

千佳 誰に「公式を覚えろ」と言われたかにもよるでしょう。信頼している人にいわれたら、きっと深い意図があるに違いないと思うでしょう。しかし、あまり深く考えていなさそうな人に、とりあえずテストで点を取りたかったら公式覚えとけくらいの勢いで言われたら、なんか釈然としません。そんなときは、江戸っ子風に（心の中で？）反論しましょう。「てやんでぃ、こちとら好きで数学やってんじゃねーんだ。数学の科目があるからやっているだけで、数学わかんねぃってんだ」。

「公式を覚えろ」と言う先生がいたとします。その先生が、もし生徒に対して、ない知恵を絞っても無駄、下手の考え休むに似たり、という気持ちをもっていたとしたら、その気持ちは生徒に伝わるもので、言われた生徒は楽しくはなく、むしろ残念な気持ちになるでしょう。きっとその先生だって、公式というのは人類の何千何百年の知恵がものすごい圧力で凝縮されて結晶化したものだから、一度だまされたと思って、覚えてみても決して損はしない、と言いたいところを、説明をはしょって覚えろと一言で済ませてしまったのかもしれません。先生と生徒の間の関係性によりますね。

公式はプロポーズ

数学とは、数とか図形とか関数とかを集めた集合があって、その集合から数、図形、関数などの材料（要素）を取り出して料理する学問です。実際の料理と大きく違うところは、材料（要素）がすべて抽象的なものであることです。1という数を目の前にもち出すことはできません。点や線は広がりも太さもない目に見えないものです。関数はさらに抽象度が高まった対応関係です。

数学は抽象度が高いからこそ、世界共通の記述言語になりえているのです。

亜理紗　英語よりも共通言語ですか？

千佳　はい。英語がわからなくて共通の言語がなくても、例えば $y=x^2$ などと数式を書けばそれだけで何を言っているのか通じ合えます。つたない英語でも数式を正しく提示できれば、それだけで世界中の人々を相手に数学が語れるのです。

もちろん、共通言語となるには、数字、文字、記号が共通に使用される必要があります。でもこれは日本の小学校・中学校くらいで習う内容で大丈夫です。言い換えると、義務教育で習う算数や数学で使われる数字、文字、記号は世界共通の言語として通用します。

数学の特徴をもう1つ挙げると、それは定義とルールです。共通言語となるには用語の定義がはっきりと定まっている必要があります。数学の歴史は記号や定義の歴史と言ってもよいくらいです。誰が見ても納得のいく、矛盾のない、抜け目のない定義を紀元前から改訂に改訂を重ねて作ってきました。点とは、線とは、長さとは、面積とは、連続とは……、あらゆる用語がきちんと定義されています。これを well-defined な定義と言います。

亜理紗　先日、雨が降ったら屋内で遊ぼうと友達と約束していたのですが、雨の定義がその友達とちょっと違いました。

千佳　そういうのあります。すごく外で遊びたいときは、これくらいは雨じゃないと言うし、気の乗らない屋外のイベントに参加しなくちゃいけないときは、雨粒が一粒でも顔に当たったら、これは雨。だから中止だ！　と騒いだりしますよね。

記号や用語が整ったら、必要最低限のルールを定めて、どれだけ大きなことが言えるのか、というところに数学の醍醐味（だいごみ）が見いだせます。ルールがあると面白くなること、制約があると発想の自由性が高まることは、スポーツ、ゲーム、芸術などの例を出すまでもなくよく知られています。数学もそれらと同じと思ってください。

さて、本題。公式とは何でしょう。

公式とは、繰り返しよく使われる定理と思ってよいです。定理とは主張したい命題のことです。命題とは、真偽を判定できる（数学的な）文のことを指します。例えば「幽霊には足がない」という文は命題とは言えません。

命題の英語はpropositionです。明治期に思想家の西周（にしあまね）が訳したと言われています。propositionは、propose（提案する）の名詞形で、pro-（前に）、pose（置く）の合成語です。これらを使った類似の合成語に、program（プログラム）、position（位置）、proceed（続行する）、compose（構成する）、purpose（目的）などがあります。

亜理紗 produce（プロデュース）もそうですか？

千佳 はい。それも類似の合成語です。pro-とposeの合成の意味から命題propositionという語を見つめると、「こんな文章を書きました、どう判断しますか」という自分から他者への問いかけ、あるいはその表現が、命題の本質であるといえます。

亜理紗 じゃあ、「結婚してください」というプロポーズも命題ですね。

千佳 まさしく！（笑）生涯をかけた命題でしょうか。公式は命題なので、

公式を提示された＝プロポーズされた

と思うと、ちょっとどきどきしますね。

公式を覚えろと言われたらどう対応すればよいのかは、本書の主題の1つでもありま

すので、読者のみなさんにおすすめの対処法を2つプロポーズします。

現実的な対処法 公式を覚えろと言われる場面は試験前でしょうから、とりあえず試験が終わるまで覚えておく。(注　試験が終わったら忘れてよいです。)

理想的な対処法 公式は長い歴史の中から生み出されてプロポーズされたものであるのだから、一考に値する、と思い直す。(注　先生から覚えろと言われても、その公式は先生の作った命題ではありません。公式自体はプロポーズされたメッセージであることを忘れないとよいでしょう。)

何だ、こんなことか、と思ったあなた、すでに対処できています。公式は覚える覚えないという判断するだけの対象でないことはすでに述べた通りですが、より深掘りした考察は後述します。

その前に、念のため(?)いろいろなアイディアを知っていそうな生成AIに聞いてみましょう。

チャットGPTに聞いてみた

無料のチャットGPT（ChatGPT-3.5）に

学校の先生に、数学の公式を覚えろと言われました。どうしたらよいでしょうか？

と聞いてみました。その結果、公式は重要であると言われ、公式を効果的に覚えるための方法が7つ紹介されました。（1）教科書や教材を繰り返し読む（2）ノートを取る（3）問題を解く（4）フラッシュカードを作成する（5）グループ勉強（6）オンラインリソースを活用する（7）定期的な復習。以上の方法が提示された後、公式の背後にある概念を理解することが大切で、じっくり焦らず少しずつ取り組みましょう、と最後にはエールを送られました。

生成AIに励まされるのは何だかこそばゆい気もしますが、チャットGPTの回答は、いわゆるよく言われるような平均的なものでした。いずれも真っ当なので、試したことがない方法があれば実践してもよいでしょう。

しかし、みなさんが期待しているのはこのような回答ではないはずです。

なぜなら、公式が重要なことはよくわかるし、覚えないより覚えた方がよいに決まっているのも重々承知なのだけど、ただでさえ苦手意識があって、スウガクは数我苦と書くのだ、というくらいにほぼ心が折れかけている状態であるにもかかわらず、先生から頭ごなしに公式を覚えろといわれる、いわば泣きっ面に蜂状態をどうしたら改善できるか、という悲痛な叫びをあげていて、それに対して前向きになる回答を求めているからです。

そこで、チャットＧＰＴへの問いかけを次のように変えてみました。

学校の先生に、数学の公式を覚えろと言われました。非常に辛いです。精神的に前向きに元気がでる方法はありますか？

返答に少しだけ時間がかかりましたが、要約すると、ストレスになることは理解できると同情してくれた上で、数学の学習において精神的な健康をサポートするための８つのアドバイスを提示されました。この要約ではよくわからないと思いますので、ご自身で確かめてみるとよいでしょう。

恐らくこれでも読者が期待している回答ではないでしょう。チャットＧＰＴ、一般に、生成ＡＩの学習が足りないのでしょうか。永遠に質問と生成ＡＩのそれなりの回答が繰り返されそうです。

亜理紗　いったい、どのように質問すればよいでしょう。

千佳　まさにその疑問が本質です。生成ＡＩがどのように回答するかの問題は横においておいて、自分自身への問いかけとして、自分がわからない、不満だ、苦しいと思っていることを限りなく正確に表現できるか、が本質なのです。

亜理紗　あ、陰と陽の話ですね。千佳さんは、陰な形を正しく表現すると、それはもはや陽な形と同じことになる、といっていました。そうか。正しい問いかけができれば、もうその中に答えがあるということなのですね。

千佳　そうなのです。だから納得する答えを欲しかったら、正確な問いかけをしなくてはならないということになります。

いくら生成ＡＩが発達しても、質問の仕方が悪かったらいつまで経っても納得する回答は得られないし、下手をするとあらぬ方向に誘導される可能性も否定できません。そこで、なるべく正確な問いかけができるようになるために、まずわかるとは何かについて考察してみましょう。

わかるとは何か……つよしのビブン

千佳　小学４年生のつよしくんに、次のような問題を出しました。書きながら、声に出して読みながら。果たして、つよしくんは正解を答えられたのでしょうか。

亜理紗　えー。微分なんて知らないんですよねぇ。うーん、でも、答えられたと思います。

$(x^2)' = 2x$　（エックス2乗のビブンは、2エックス）
$(x^3)' = 3x^2$　（エックス3乗のビブンは、3エックス2乗）
$(x^4)' = 4x^3$　（エックス4乗のビブンは、4エックス3乗）
$(x^5)' = 5x^4$　（エックス5乗のビブンは、5エックス4乗）
$(x^6)' = 6x^5$　（エックス6乗のビブンは、6エックス5乗）

ここらで飽きてくる。遊びに行きたそうだが踏んばって……

$(x^7)' = 7x^6$　（エックス7乗のビブンは、7エックス6乗）
$(x^8)' = 8x^7$　（エックス8乗のビブンは、8エックス7乗）
$(x^9)' = 9x^8$　（エックス9乗のビブンは、9エックス8乗）
$(x^{10})' = 10x^9$　（エックス10乗のビブンは、10エックス9乗）
$(x^{11})' = 11x^{10}$　（エックス11乗のビブンは、11エックス10乗）
$(x^{12})' = 12x^{11}$　（エックス12乗のビブンは、12エックス11乗）
$(x^{13})' = 13x^{12}$　（エックス13乗のビブンは、13エックス12乗）

ここまでやって、
「さて問題です。$(x^{20})' =?$（エックス20乗のビブンは？）」
と聞く。

図4-1

千佳　はい。ちゃんと20エックス19乗と答えられました。もちろん微分なんて知りません。でもテストだったらマルです。微分はできましたが、微分はわかっているのでしょうか。

亜理紗　微分の概念はわかっていないと思います。

千佳　はい。わかる必要もないです。はっきりしたことは、わかることと答えられることは別物であるということです。だから、テストで100点とっても「わからない」と思ってよいです。私たちには「わからないと思う権利」があるのです。

「わかる」って一般的には、腑に落ちる、得心がゆく、疑問の余地がない、などという状態のことをいいます。でも、「正しくわかる」って意外に難しいことなんです。図4-1を見るとその難しさが「わかる」でしょう。

千佳　次の4枚のタイルからなる格子縞（チェッカー）の図を見てください。

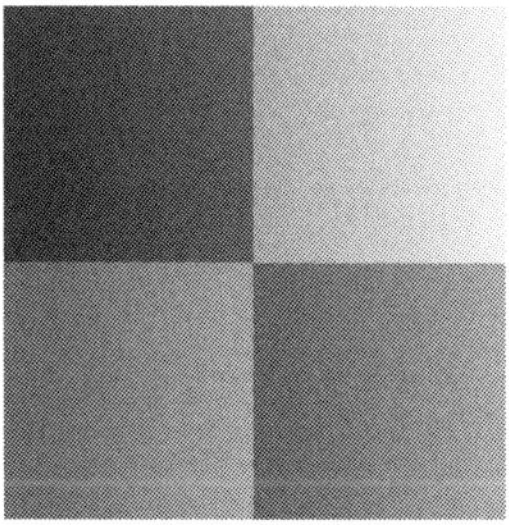

図4-1

千佳　左上と右下のタイルが濃い（暗い）灰色で、左下と右上のタイルが薄い（明るい）灰色に見えませんか。

亜理紗　はい。そう見えます。

千佳　本当でしょうか。

亜理紗　えー、それ以外には見えません。

千佳　では、上の２枚を左右にずらします。

図4-2

千佳　次に、下の２枚をずらして中央に寄せて重ねます。図４－３では、左下のタイルを真ん中上側に、右下のタイルを真ん中下側に向かって移動しました。

亜理紗　うそー。動かしている途中で色が変わりました。

図4-3

千佳　さらに、左下にあったタイルをちょうど真ん中に配置します（図4－4）。

亜理紗　あれー。

図4-4

千佳　右下にあったタイルもちょうど真ん中に配置します（図4－5）。

亜理紗　え、同じタイルだったのですね。

図4-5

千佳　はい。実は、下の2枚のタイルは全く同じタイルでした。下の2枚を重ねて上の2枚の真ん中に挟んで、上側を揃えると図4－6のように縦横比が1：3の長方形ができます。

亜理紗　目の錯覚だったのですね。

図４－１は、チェッカーシャドー錯視と呼ばれる錯覚の図をアレンジしたものです。次のように作ることができます。

①縦横比が１：３の長方形を左端の黒色から段々と右端の白色になるようにグラデーションをかけて色付けする（図４－６）。

図4-6

②それを3等分に分割して、3枚の正方形タイルを作る。
③真ん中の正方形タイルと同じものをもう1枚作って、合計4枚の正方形タイルを作る
（図4－7）。

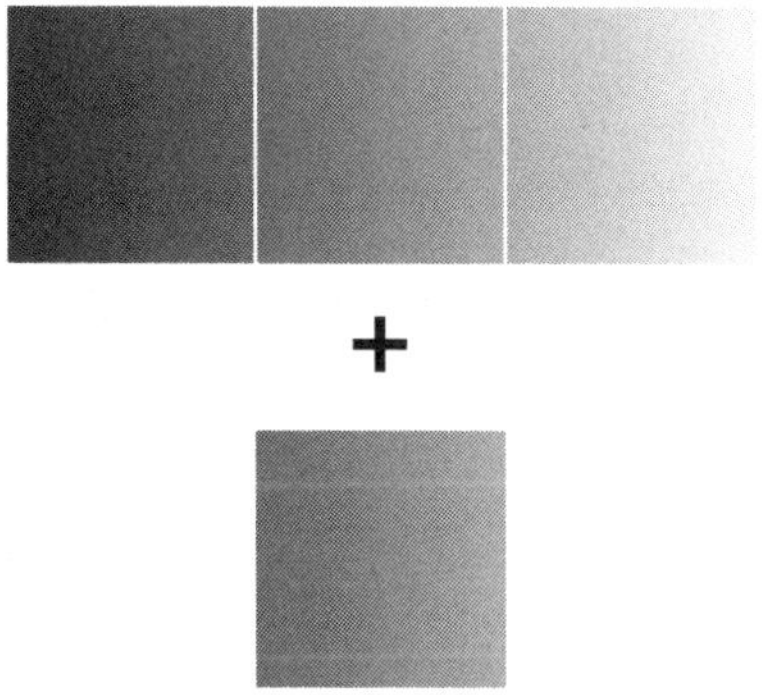

図4-7

千佳　さらに最初の4枚の正方形と同じものを4つ並べると図4－8のようになります。

図4-8

亜理紗　上から2段目と4段目は全部同じタイルなのですよね。うーん、わけがわかりません。

千佳　2段目と4段目の比べたいタイル以外のタイルを紙や手で隠してみてください。

亜理紗　あ、本当だ。けっこう同じタイルに見えてきました。

千佳　これは目の錯覚ですが、現実問題としても重要です。例えば図４－９で、黒い背景の９人の真ん中の人と、白い背景の９人の真ん中の人は同じ色の服装でしょうか。

亜理紗　この話の流れでいくと同じ服の色なのですね。

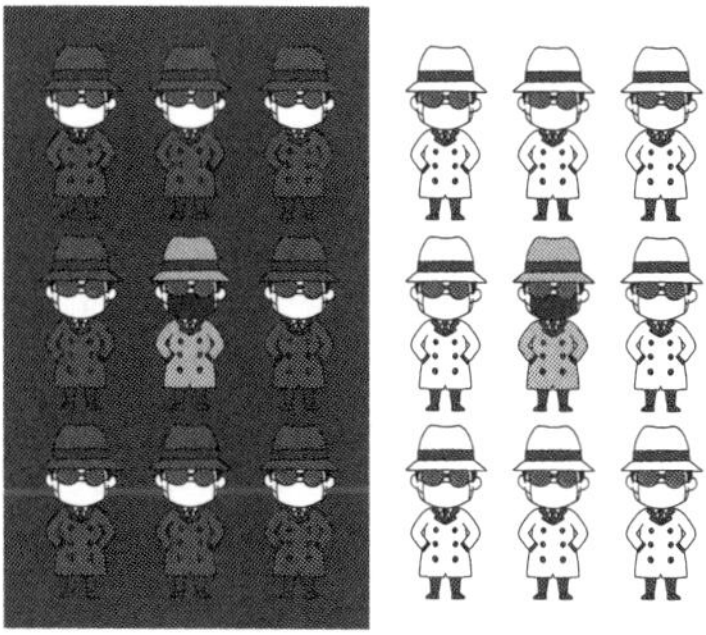

図4-9

犯人は明るいグレーのコートを着ていたという目撃証言や、濃いグレーのコートを着ていたという目撃証言があったとき、それぞれの証言者は自分の証言が正しいと信じて主張します。しかし、その色は絶対的なものではないのです。色の印象は周囲の状況によって相対的に変わることがいままでの例からわかります。

「正しくわかる」ということがいかに難しいかということの比喩的な例として錯視の例を挙げました。昔を振り返って、あのときはわかったつもりだったけど、いま思うとわかってなかった、なんていうことはよくあります。それでよいのです。それが成長の証でもあります。知識、知恵、経験が増えると、わかっていなかったことがわかるようになることもあるし、わかっている（と信じていた）ことがわからなくなることもあります。これは成長する、学び続けることの醍醐味です。

「なんで？」は財産

小さい頃、なんで空は青いの？　なんで眠くなるの？　なんでお腹が減るの？　なんで1足す1は2なの？　……と、誰しもなんで？　なんで？　の時期があったことでしょう。なんで？　と質問すれば親や大人とコミュニケーションがとれること、なんで？を解消することによって、知識や知恵が蓄えられていくこと、そして、だからなんで？を連発すると成長するのだと、幼いながらヒトとして感知して、本能の赴くまま戦略的に質問していたのだと想像します。これは、「なんで？　仮説」の裏付けと言ってもよいです。

少し大人になると、なんで？　と聞くことが恥ずかしくなります。思春期かもしれませんし、周囲の目も気になるのかもしれません。小学校のときはあんなにはいはいと手を挙げていたのに、中学校や高校になると急に手が挙がらなくなります。聞くは一時の恥、聞かぬは一生の恥と言いますが、どちらも対外的な行動に関するもので、そんなにたいした恥ではありません。そもそも恥でもなんでもありません。むしろ聞こうが聞くまいが、内省的に恥といえるのは、なんで？　と思う心に耳を傾けないことです。

私たちには、わからないと思う権利がある、と言いました。それは、わからないから質問してもよい、という対外的な意味を含みますが、自分自身の問題として、わからないと思うことを恥じてはならない、ことが重要です。「なんで？　仮説」を思い出してください。ヒトはそういう生き物なのです。

小さい頃のように、素朴になんで？　と思って、そのなんで？　を思いっきり追求してください。大事なことは自分の中のなんで？　です。このなんで？　は人から見てどう思われるかなんて関係ないのです。

数学の研究集会で、誰もが知っている著名な大数学者と同じ会場にいたことがありました。その方はある講演をじっと聞いていました。講演が終わって質疑応答の時間になりました。すぐに手を挙げて質問されました。とてもびっくりしたのは、質問の内容が誰もがわかるような簡単な質問だったことです。しかしその後、その大先生は簡単ななんで？　の質問から深い理論を構築されていました。自分の中の素朴ななんで？　を突き詰めて高い地点にまで到達する典型的な例です。こんなことを質問したら自分がわかっていないことを露呈するようで恥ずかしいかな、と思う気持ちよりも、知りたい、わかりたいという気持ちに正直に没頭すればよいのです。この積み重ねによって「なんで？」は財産になります。

結局、公式を覚えろと言われてどうするのか

本書のタイトルの直接的な答えをこれまで模策し深掘りしてきましたが、結局、もし覚えろと言われたら具体的にはどうすればよいのかをまとめましょう。

ステップ1【真摯(しんし)に受け止める】

公式を覚えろと誰に言われたとしても、目の前に理解すべき公式を提示されたならば、それは先人たちの知恵の凝縮をプロポーズされたと思って、まずは公式そのものに集中して、プロポーズを真摯に受け止めることが大切です。

これが実は最大に重要なのです。公式だけを見つめて、公式そのものが本当に受け入れがたいものなのかを吟味することが肝要です。頭ごなしに言われたから、試験を受けなくちゃいけないから、好きな科目じゃないから、など取り巻く環境が嫌なのであって、公式そのものは好きでも嫌いでもないはずです。

例えば、抽象的な2次方程式の解の公式それ自体に感情的になることはないからです。

ステップ2【現実的な対処法　真摯に向き合った後に】

試験前にとりあえず覚える（そして試験後に忘れる）という現実的な対処法を上述しました。公式に真摯に向き合えば、これだけでも試験という難局を乗り切れる場合も多いです。

ステップ3【現実的な対処法（続）量質転化】

もう1つ現実的な対処法を加えましょう。それは公式をたくさんの具体例に適用してみることです。するとあまり理解していなくても、あるとき「量質転化」が起こります。何かを摑む瞬間です。

ただ、たくさんといっても第2章で述べたように最大51回を目安にしてよいです。

ステップ4【理想的な対処法　先人たちとの対話】

公式に真摯に向き合い、どのように知恵が凝縮されているのか理解したくなって、試験前だけ覚えるなんてもったいない、と思った人は、先人たちと対話を始めています。

例えば、2次方程式の解の公式は、導出過程を解体していくと、とどのつまり第1章で述べた面積2の正方形の一辺の長さを求めるようなことに繫(つな)がって、陽な形（解の公式）は陰な形（もとの2次方程式）の同値変形に過ぎないんだということが実感できるでしょう。

16世紀では3次方程式の解の公式を求めることが最先端研究の1つでした。2次方程式の解の公式はそれより遥か前の紀元前に知られていたはずですが、解の公式を求めるために同じように同値変形したことでしょう。そんな昔の先人たちと時を超えて知識を共有できるわけです。

ステップ2や3で満足してもよいですが、ステップ4までくると、「答えられる」から「わかる」に昇華します。もしステップ4で躓(つまず)いて「わかる」に到達できなかった……、と思ったとしても、それはよいのです。わかろうとしたプロセスの中でたくさんの「なんで?」が貯蓄され、将来の財産が増えたからです。

第４章のまとめ

・「公式を提示された＝先人たちの知恵の凝縮をプロポーズされた」と思ってよい。
・答えられることと「わかる」ことは違い、そして「正しくわかる」ことは意外に難しい。
・わかろうとするために「なんで？」を貯蓄する。そしてそれは財産となる。

第5章　思い込みを打破する方法〈逆さまに考えよう〉

いよいよ本書の最終章です。ここで一旦、前章までの要点をまとめましょう。

・あれっ？　と思っているうちに数学は始まっている。
・解くとはどういうことか。陰（問い）と陽（答え）は本質的には同じである。
・数学は心の助けになるものを内在している。
・「なんで？　仮説」から、学校でさまざまな科目を学ぶ理由に繋（つな）がる。
・「公式を覚えろ」と言われたことを深掘りすると「わかる」とは何かに辿（たど）りつく。
・しかし、正しくわかることをわかるのは意外に難しい。
・なんで？　は財産である。

前章までは、読者のみなさんが自覚していなかったであろうことを整理して、自分の内面を見つめて深く掘り下げる、つまり内観することによって、前向きにそしてわかった！　という気持ちになる方法を、数学の考え方を通して紹介してきました。

この最終章では、こうして深く考えるときに陥りやすい、思い込みや先入観といった除去するのが難しいものを打破する方法を紹介します。

その方法はいたって簡単です。逆さまに考えるだけです。簡単だし、言われるとわかるんですが、だからこそ忘れがちになります。いくつかの例を通して、逆さまに考えることを楽しみましょう。

コンピュータが人間に勝てない簡単な問題「タイルの敷き詰め」

前章で紹介したチャットＧＰＴのようないわゆる生成ＡＩが台頭してきて、いよいよ人間の職が奪われるとか、コンピュータに世界を乗っ取られるなどといった話が毎日どこかで飛び交うようになりました。ちょっと古いですが、映画『２００１年宇宙の旅』（１９６８年）にでてくるＨＡＬ９０００や『バイオハザード』（２００２年）のレッド・クイーンといったシステムを制御するコンピュータの反乱は本当に起きるのでしょうか。手塚治虫の漫画にも星新一のＳＦ小説にもコンピュータの暴走といった話は随所に出てきます。フィクションの世界では、コンピュータは擬人化して描かれているので、映画や漫画、小説のようなことがすぐには起きるとは思えません。現時点で、例えば銀行のシステムの不具合などがしばしば起きていますが、これは、プログラムの問題であって、コンピュータの反乱のレベルのはるか手前の段階でしょう。コンピュータは思った通りに動かない、書いたプログラム通りに動く、という慣用句を想起させます。

もし今後、コンピュータが絡んだ大問題が起きるとすれば、コンピュータの指示が当たり前に生活の一部になってきたときどうでしょう。その指示が正しいと思い込んで行動することに慣れきった人間が、不具合が生じたときに、人の方がミスを犯したと信じて疑わなくなる前提で話が進むことが原因と考えています。

第2章で、半分半分を足していく0・5＋0・25＋……という計算をさせると本来は無限に足さないと1にならないが、表計算ソフトだと51回目で1になる話や、0・1を100回足しても10にならない話をしました。コンピュータの仕組みを少し知っているだけで、なぜこのようなことが起きるのかがわかります。

そこでコンピュータの得意なこと、コンピュータができないことについて簡単で本質的な例を見てみましょう。

コンピュータが得意なこと

15桁の整数1234567077654321を、小さい素数から順に割っていくことによって素因数分解せよ。

千佳　まずこの数は偶数ではないですね。

亜理紗　はい。5の倍数でもないので、3で割って、次は7で割って、その次は11で割って、と順々に小さい素数で割っていけばよいのですね。うーん。無理です。

千佳　やらなくてよいです（笑）。コンピュータに計算させると、一瞬で

1234567077654321＝29×41×1038323886589

と素因数分解します。こういった類いの力業（ちからわざ）や機械的作業に人は勝てません。処理速度が違いますから。

その処理速度が人間よりも遥かに早いコンピュータでさえも、例えば310桁くらいの数の素因数分解には1000年以上かかるといわれています。この素因数分解には時間がかかるという事実のため、これを逆手にとって素因数分解が暗号化に利用されています。

亜理紗　時間がかかることが逆に良いことであるなんて、逆説的で面白いですね。

千佳　まさしく。素因数分解が難しいことを安全性の担保とした暗号方式はＲＳＡ暗号と呼ばれ、現代の暗号機密保全の基礎的な考え方となっています。

素因数分解の話で、コンピュータにも、処理速度という限界があることがわかりました。しかしスマホをいじったり、メールを書いたり、インターネットで検索したり、といった日常的な作業に支障はありません。だから便利だし、コンピュータへの依存度が日に日に高まっていきます。そうして段々と、コンピュータに聞けばよい、コンピュータは答えをくれる、といった幻想に陥って、コンピュータに聞いている間、自分は思考停止していることを忘れてしまいます。

次の話は、コンピュータに丸投げする前に、一呼吸置いて考えようか、といったものです。

コンピュータができないこと

次の4×4＝16マスの正方形のマス目に1枚が2マス分のドミノ牌(はい)を敷き詰めることを考えます。

図5-1

千佳　敷き詰められますか？

亜理紗　はい。簡単です。

千佳　いいですね。では、3×3＝9マスの正方形はどうですか？

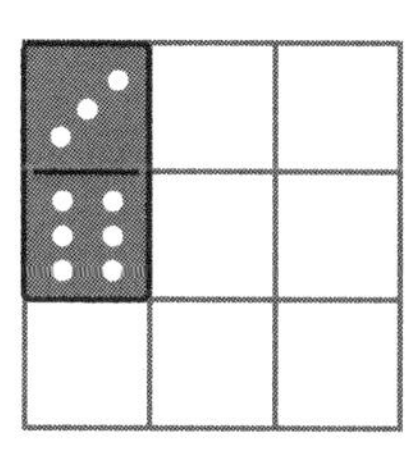

図5-2

亜理紗　これは……、できません。マスの数が奇数だから無理です。

千佳　マスの数9は奇数で、ドミノ牌の大きさの2マスで割り切れないから、敷き詰められませんね。良いところに気が付きました。では、4×4＝16マスから左上と右下の1マスずつを取り除いた14マスの場合はどうでしょうか。14は偶数で、ドミノ牌1つで2マス使うから、ぴったり敷き詰められたとすると、ドミノの数は正味7牌分になります。

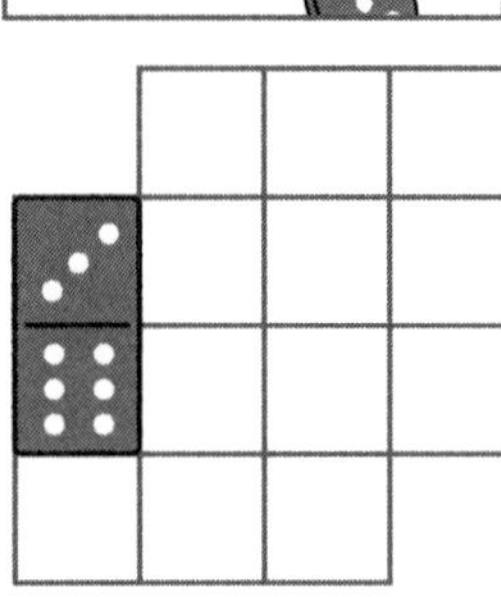

図5-3

亜理紗　マスの数は偶数なのですが……、できる気がしません。

千佳　できそうもないですが、できないと言い切るほどの根拠もにわかには言えませんよね。そこでコンピュータに可能性をしらみ潰しに探してもらいましょうか。と思って、コンピュータ用に32×32マスから左上と右下の2つを除いた1022マスを用意しました。コンピュータならできるでしょうか。

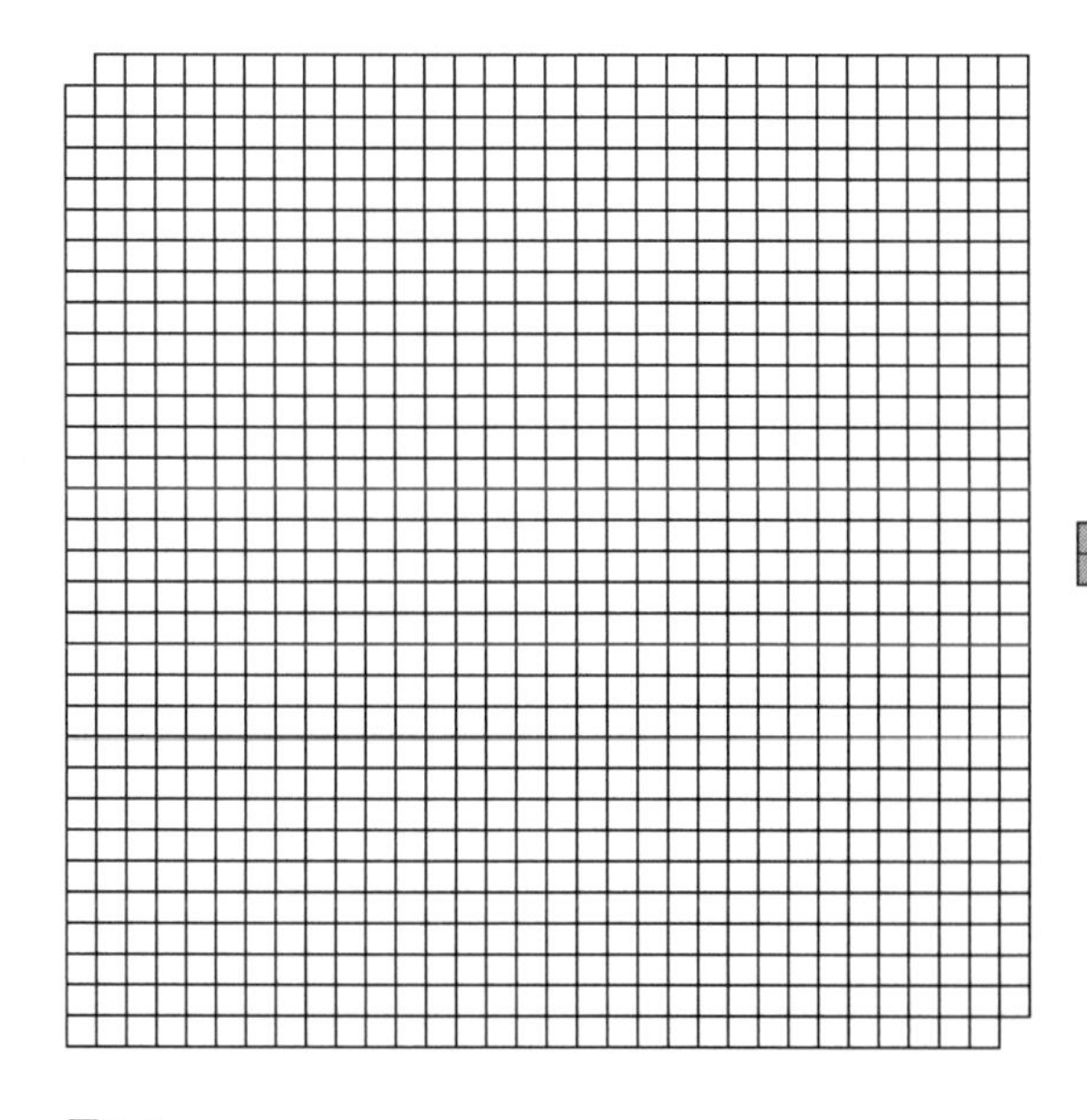

図5-4

亜理紗　しらみ潰しにすべてのパターンを探せそうです。あ、でもすべてのパターンを探して、できないとなるかもしれません。

千佳　コンピュータの処理能力がいくら早くても１０２２マスを埋め尽くすかどうかの判定に少しは時間がかかります。０秒ではないのだから、１００億年かかる超巨大なマス目を考えることだって理論上は可能になります。

亜理紗　実質、無理ということですね。

千佳　だから、コンピュータに判断させればよいといっても限界があるわけです。１０２２マスどころか、16から隅の２マスを除いた14マスを埋め尽くすことすらできないことを示しましょう。まず埋め尽くすことができた４×４＝16マスの正方形のマス目を市松模様のように白黒に塗ります。（図５－５）ドミノ１枚は２マス分なので白黒です。ドミノは16マスのどこかに置くと、縦置きでも横置きでも、白黒か黒白のどちらかを埋めることになります。

亜理紗　だから縦でも横でも白と黒を１マスずつ埋めます。

千佳　だから、4×4＝16マスの正方形をドミノで埋めることができますね。

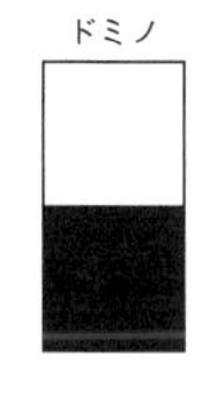

4×4=16マス

図5-5

千佳　次に16から隅の2マスを除いた14マスを白黒の市松模様に塗ります……。

図5-6

亜理紗　なるほど、わかりました。白が2枚足りなくなるのですね。1022マスも同じ理由でできないのですね。

単純なコンピュータには白黒に塗り分けるというアイディアは思いつかないでしょう。仮に市松模様のアイディアをコンピュータが事前に学習していたとしても、それを証明の手法としてコンピュータが自力でもち出すことはできないでしょう。コンピュータにアシストしてもらった計算機支援証明は山のようにありますが、現時点ではコンピュータが自力で数学の証明をすることはできません。

図5-7

思い込みをしていませんか

普通でない仮想の道路標識を作ってみましょう。

千佳　亜理紗さんはまだ運転免許証を持っていないと思いますが、想像はつくと思います。図５－８は通常の道路標識ですよね。

亜理紗　はい。何となく見たことあります。

千佳　Ｒは道路の曲がり具合を表す指標で、道路の中心線のカーブにちょうど一致する円の曲率半径 radius の頭文字です。だから、Ｒが大きいとゆるいカーブ、Ｒが小さいときついカーブとなります。

道路構造令では、Ｒ＝１００ｍは時速50㎞、Ｒ＝１５０ｍは時速60㎞の走行を想定しています。だからＲ＝１３０ｍはその間の速度で走行できるような道路になっています。

千佳　さて、問題です。図５－９の（ア）、（イ）、（ウ）、（エ）に入る適切な言葉や記

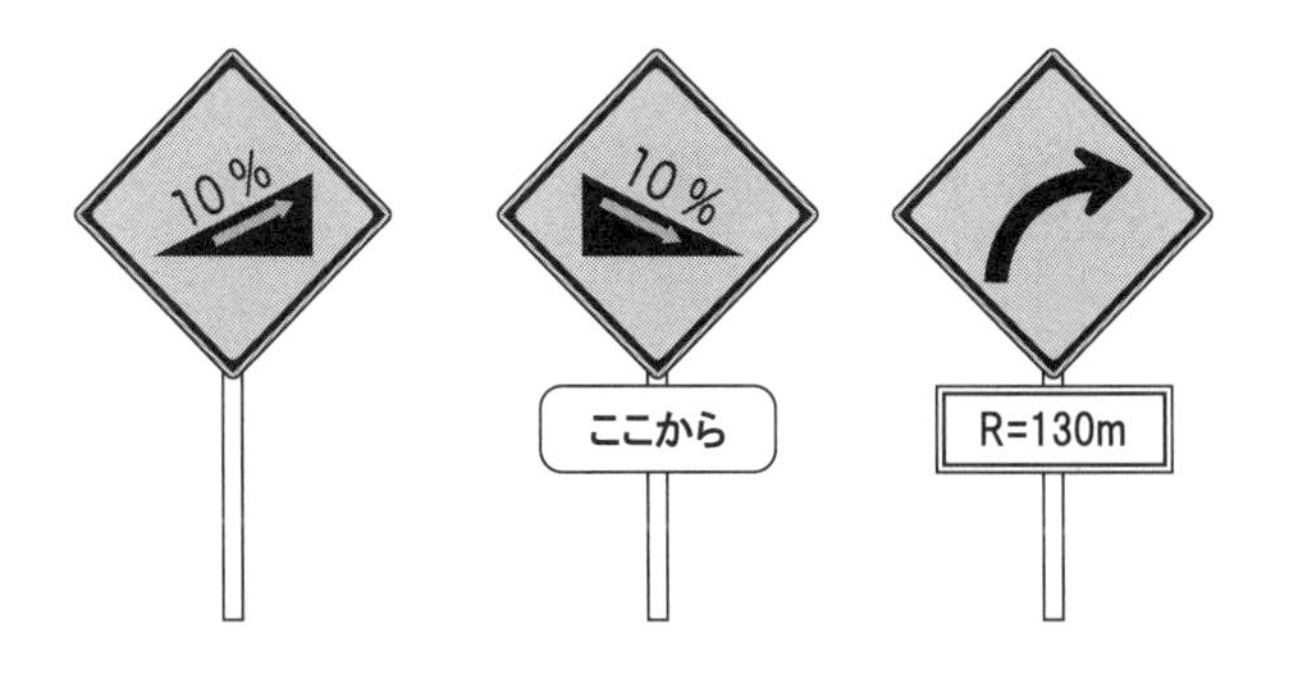

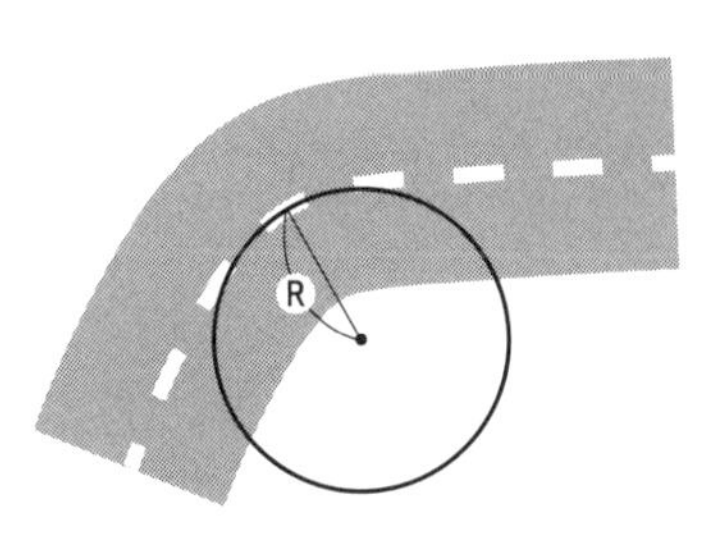

図5-8

号は何でしょうか？　正解があるような問題ではないです。クイズというか、とんちです。面白い回答を考えてください。

亜理紗　えーなんだろう。無限大％（パーセント）とか、半径無限大mってすごそうです。

読者のみなさんも、ページをめくる前に、少し考えてみてください。

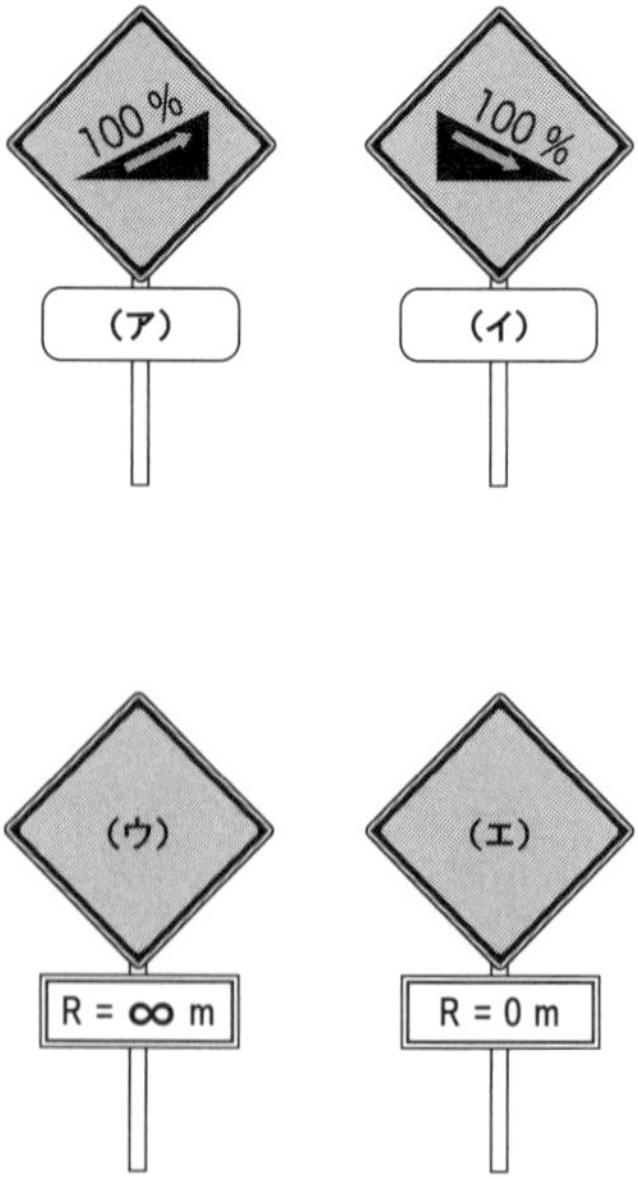

図5-9

千佳　こんなのはいかがでしょう。

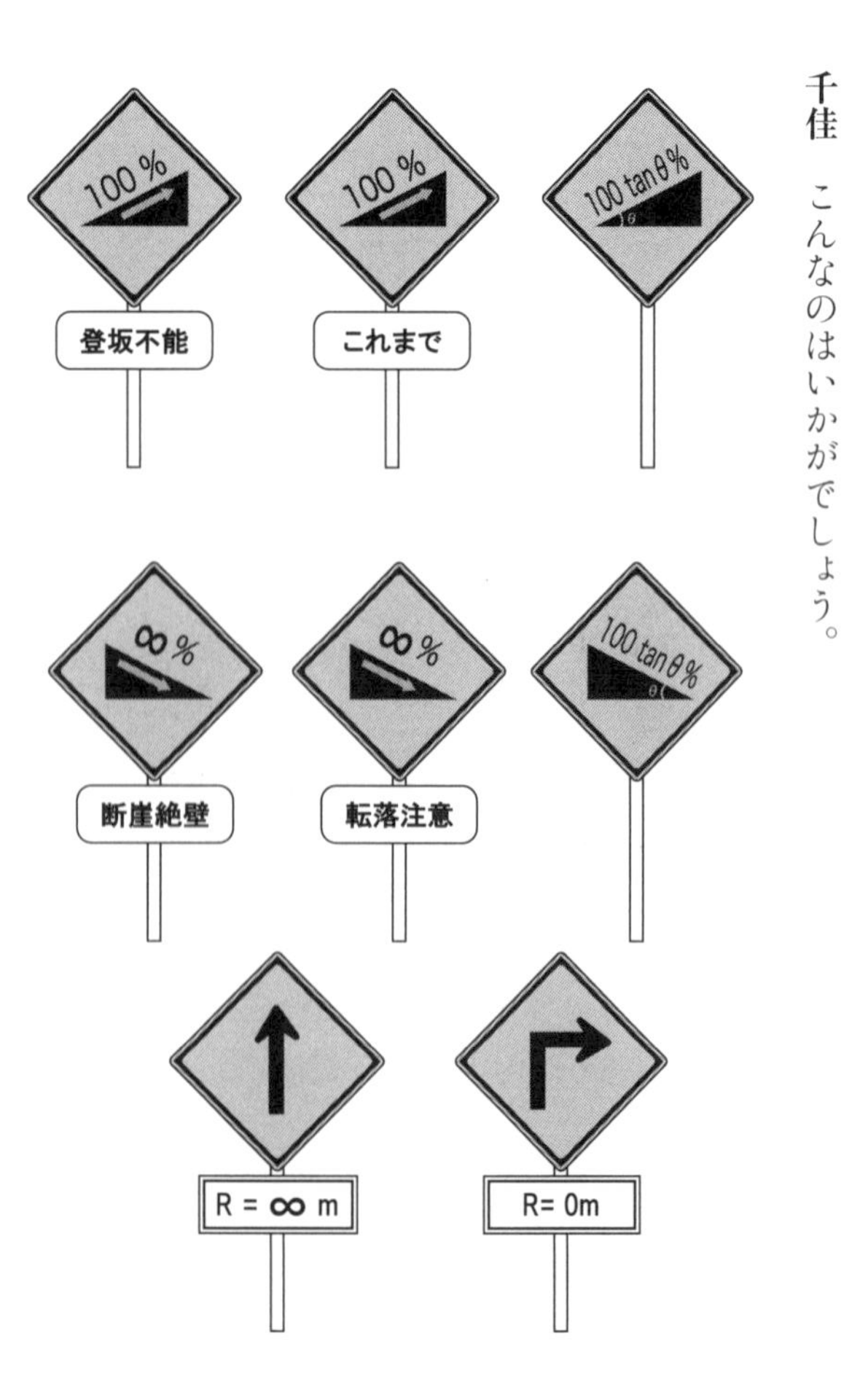

図5-10

坂道の百分率は、１００ｍ進んだときに10ｍ上がったら10％と計算されます。数学的には、坂道の角度をθ（ラジアン）とすると、100tanθ％となります。ところが、１０0％といわれると、目一杯の坂、すなわち壁が立ちはだかっていると思い込むわけです（１００％は45度の坂を意味し、普通車は登ることができないので実質上は壁です。だから登坂不能としました。また、∞％は、90度の坂です。もはや坂とは呼べませんね。上り坂なら垂直な壁、下り坂なら断崖絶壁です。危険！）。

Ｒは道路の中心線の曲率半径、すなわち中心線にぴったり重なる（２次の接触をする）円（曲率円）の半径でした。Ｒ＝∞は、曲率円の半径を究極に無限大にした道路の中心線だから、道路の中心線が曲がっていない場合、つまり真っ直ぐな道路に相当します。一方、Ｒ＝０は、曲率円の半径を究極に０にした道路の中心線だから、角張っている道路に相当します。右折はその一つの例です。

亜理紗　１００％の響きに引きずられました。

空き缶斜め立て

千佳　亜理紗さん、机の上にある３５０㎖缶を斜めに立ててください。中には液体が入っています。ビールじゃないですよ。ビールはこぼすともったいないから飲み干して、別の液体を入れています。こぼさないように気をつけてくださいね。うまく立たなかったら、そこのコップに液体を出して、量を調節してください。

30秒後。

亜理紗　おっ！　立ちました。

図5-11

千佳　今度は５００㎖缶でやってみましょう。

10秒後。

亜理紗　立ちました！

図5-12

亜理紗は要領を得たようで、今度は楽に立たせることができました。できると簡単に見えるものですが、５００㎖缶を立たせるには紆余曲折ありました……。

千佳の実験室には５００㎖缶がたくさんあります。いろいろと試しましたが５００㎖缶が斜めに立ったことはありませんでした。あるときまで。そもそも５００㎖缶は斜めに立たないという記事をどこかで読んだせいもあって、最初から立たないと決めつけて、立たせようという気がなかったのかもしれません。

ところがあるとき、（先に登場した小学４年生の）つよしくんにやらせたら、できないなどと思い込むこともなく、缶が倒れて中の液体がこぼれてもへっちゃらで、次から次へと缶を斜めに立てようと無邪気に遊んでいました。そしたら、できたよ！　と、チェコビールの５００㎖缶が斜め立ちしていたのです。これは衝撃でした。恐るべし無邪気！

一度成功すると、今度はできるんだ、という思考になって、斜め立ちできるものもけっこう見つかりました。どうやら、５００㎖缶は、底の形状が２種類ほどあるらしいことがわかってきたのでした。「思い込み」や「先入観」があったせいで、成功しないこと前提でどの缶も同じだろうと高をくくり、一種類の５００㎖缶でしか実験していなかったのです。

しかし、一度成功すると、「信念」が生まれ、今度は、成功すること前提で、どれも違うだろうと疑いの目をもって、いろんな缶で実験して、次々成功したわけです。

高校生によるピタゴラスの定理の新証明

思い込みや先入観の打破、前例のないことへの挑戦は、空き缶の斜め立てに限りません。どんな問題でも、初めて解決するのは大変です。登山でいえば、未踏峰への初登頂は困難であるが、一度誰かが登頂すると、異なる登頂ルートが次々見つかるのと同じで、数学の問題にしても、一度誰かが証明すると、次々と別の解決法が見つかることは非常に多いです。例えば、有名なピタゴラスの定理「$a^2+b^2=c^2$」の証明は数百もあると言われています。

その数百ある証明方法には、三角関数を使ったものはありませんでした。

$$\sin^2\theta + \cos^2\theta = 1 \quad \cdots\cdots ①$$

という三角関数の性質がありますが、図5－13のように、この恒等式の証明にはピタゴラスの定理を用います（用いないで証明することは可能です）。だから、ピタゴラスの定

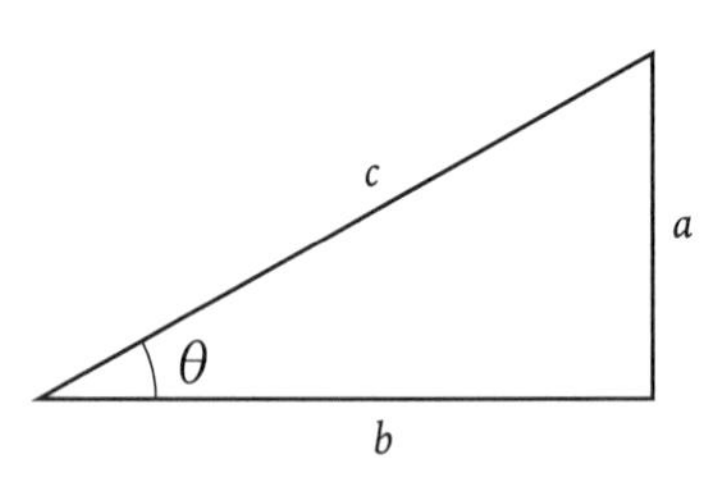

$$a^2 + b^2 = c^2 \Leftrightarrow \left(\frac{a}{c}\right)^2 + \left(\frac{b}{c}\right)^2 = 1$$

$$\left(\sin\theta = \frac{a}{c}\ ,\ \cos\theta = \frac{b}{c}\right)$$

図5-13

理を証明するのにピタゴラスの定理を使って示された①式を満たす三角関数を用いると、証明が循環してしまいます。だから三角関数を使ってピタゴラスの定理を証明するのは一般には無理だろうと言われていました。

ところが、最近、アメリカ数学会2023年春の南東部支部会議において、St. Mary's Academyに通う二人の高校生ジョンソンさんとジャクソンさんが、An Impossible Proof Of Pythagoras（ピタゴラスのあり得ない証明）というタイトルで、三角法を用いたピタゴラスの定理の証明を発表したのです。

その証明方法は、無限等比級数と正弦定理を用いるものでした。だから、三角関数（三角比）は使っていますが、正弦定理は円周角の定理から証明され、円周角の定理は三角形の内角の和は180度であること（平行線の公理と同値な命題）から証明されますから、循環論法になっていません。この説明だけではよくわからないと思いますが、先入観を打破しようと取り組んだ結果の証明であるといえます。

思い込みを打破する方法〈逆さまに考えよう〉

これまで見てきたように、思い込みや先入観というのは、実感が伴わないと打破するのはなかなか難しいです。いや、実証したとしても、頭では理解できただけで、心情を打破できないのが人間といえるでしょう。

紀元前500年頃に活躍したピタゴラスはある学派を組織していました。それは勉強会サークルというより、万物は数なりという思想を根元とした教団というべきものに近かったと言われています。教団における数は有理数のことを指していました。一方、教団ではピタゴラスの定理が証明なしで信じられていました。定理に従えば、単位正方形の対角線の長さの2乗は2になります。ピタゴラスの200年後に確立された背理法により、対角線の長さは有理数では表せないことが証明できます。弟子のヒッパソスは、方法は不明ですが対角線の長さは有理数（分数）では表せないことを発見してしまいました。数とは有理数であると信じている集団の中で、有理数でない数を見いだしてしまった状況を想像するとぞっとします。ヒッパソスの心境は世間が知らない真実を見いだした喜びだったのでしょうか、パンドラの箱を開けてしまった後悔だったのでしょうか。

思い込みや先入観というのは、経験を積むほどやっかいに人に付きまとうものです。だから、それを打破する方法を一つ知っておくだけでも、少し知恵が付いたと言えるでしょう。

千佳はそんな気持ちを込めて、次は思い込みや先入観を打破する方法を考えましょう、と言って話を先に進めました。

脳内ストレッチ……楕円の切り口

千佳　ここに円柱の透明な容器があります。この円柱を斜めに切ったとき、その切り口はどんな図形になるでしょうか？

亜理紗　楕円（だえん）……でしたでしょうか。

楕円の解析幾何的な定義と性質は高校数学で登場します。

千佳　そうですね！　容器を実際に切るのは難しいから、中に紅茶を入れて、容器を少し傾けてください（図5－14）。そうすると紅茶の水面が切り口になります。これが楕円です。容器を真っ直ぐに立てると水面は円になります。これは円柱を真横に、つまり底面に平行に切ったことに相当します。

図5-14

千佳　さてそこで、逆さまに考えよう。切り口が楕円になるような立体は何でしょうか。円柱の他にもありますか？

亜理紗　円錐です。

千佳　即答でしたね。そうです。他にもありますか？

亜理紗　ちょうど教科書で見たので。他にはないような……。

千佳　円柱と円錐だけ、と思いますよね。でも、もし印鑑が楕円柱だったら……。

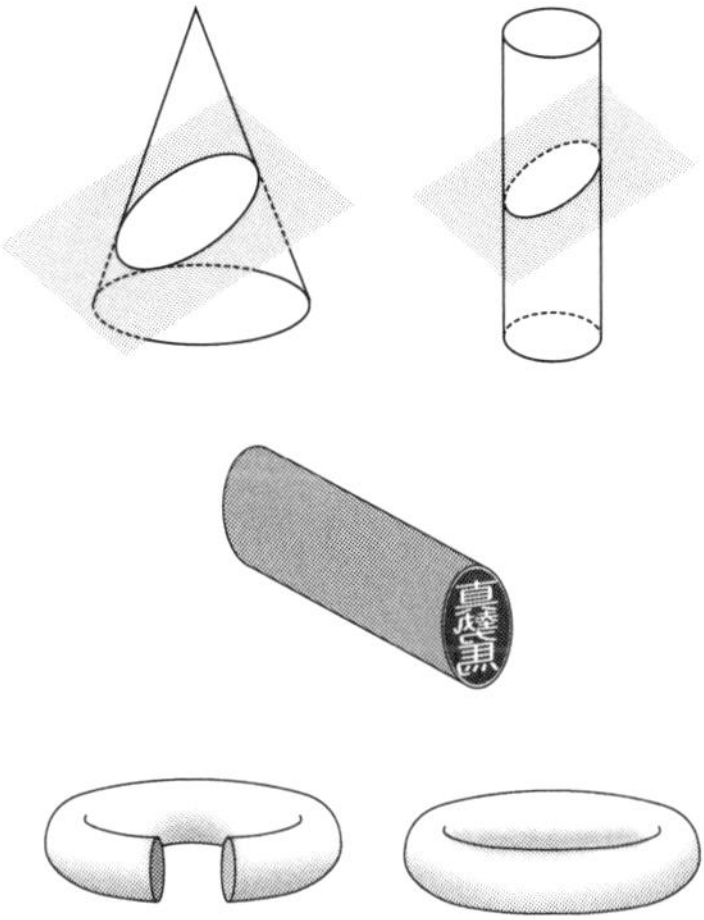

図5-15

亜理紗　あっ！　真横に切ったら楕円です。そうですよね。この方針でいけば、切り口が楕円になるようなものを作ればよいのだから、楕円をぐるっと回して作ったドーナツでもよいわけですね。ちょっとずるいですか？

千佳　その通りです。まったくずるくありません。そう考えると、切り口が楕円になるものは無限にあります。

千佳　ここで言いたかったことは、円柱の切り口は楕円ですが、切り口が楕円になるものは何だろうという「逆さまに考える」という思考方法はとても重要なんだということです。

こうして、もし円柱しかないと思い込んでいたとしても、逆さまに考えることによって、その思い込みを打破して、頭を柔らかくすることができます。いわば脳内ストレッチ。

別の例をみてみましょう。

世界を広げる……1点からの距離が等しい点の集まり

千佳　図5－16のように、円は1点からの距離が等しい点の集まりです。では逆さまに考えよう。1点からの距離が等しい点の集まりは？

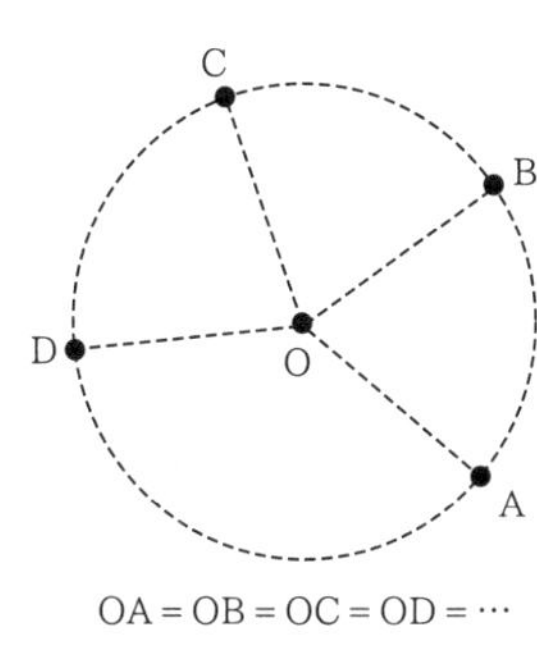

図5-16

亜理紗　円以外にはないような……。あっ！　球です。

千佳　はい！　球面は空間内で1点からの距離が等しい点の集まりです。別の言い方をすると、球の中心を通るどんな平面で輪切りにしても、切り口は球と同じ半径の円になります。だから球面は空間の1点を中心とする同じ半径の円の集まりである、とも言えます。

円しかないだろうと考えた人は、問われているのは平面の図形だと思い込んでいたわけです。逆さまに考えることによって、平面内の話だという無意識の先入観があぶり出

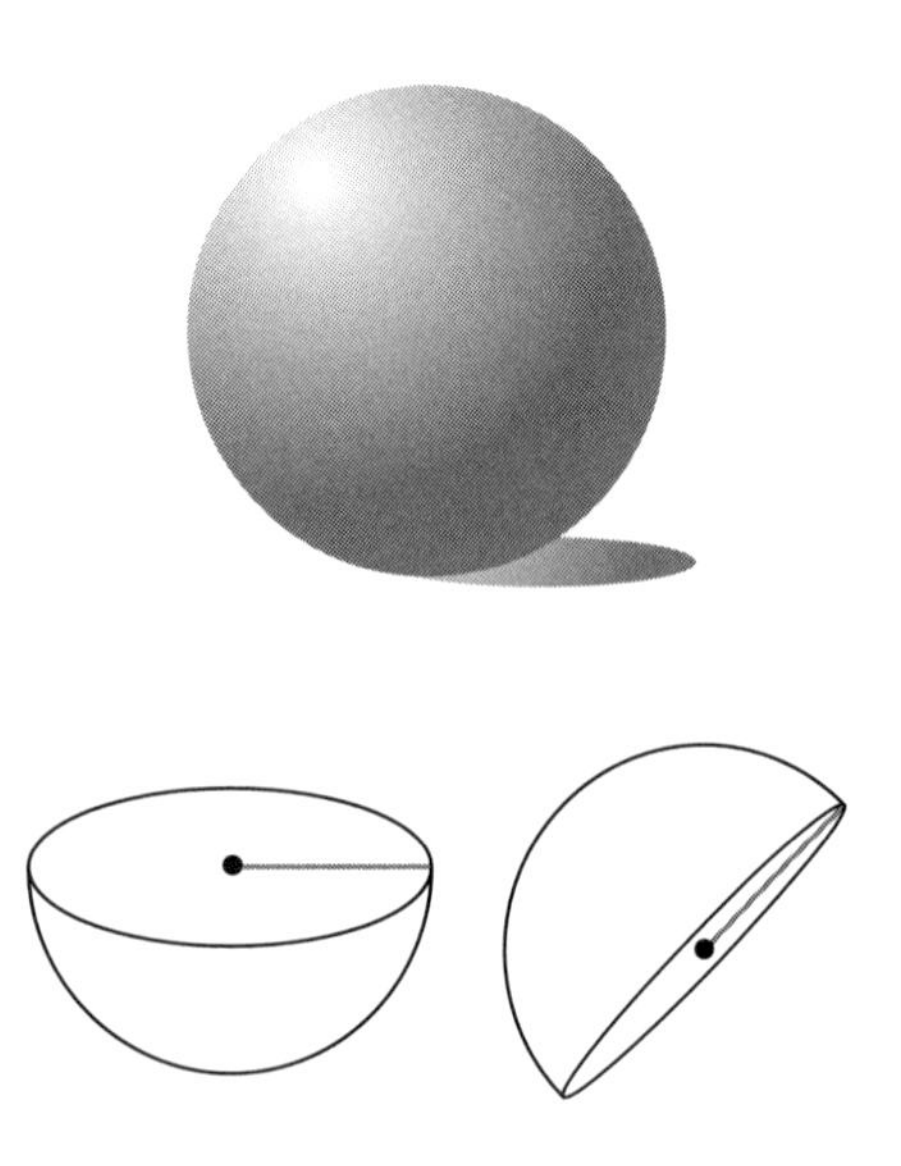

図5-17

されて、考えている世界が平面から空間に広がりました。

先入観を疑い可能性を模索する……一定の幅をもつ図形

千佳　では、今度は平面に限りましょう。円はどこで測っても幅が等しい平面図形です。図5－18は円と幅の図です。

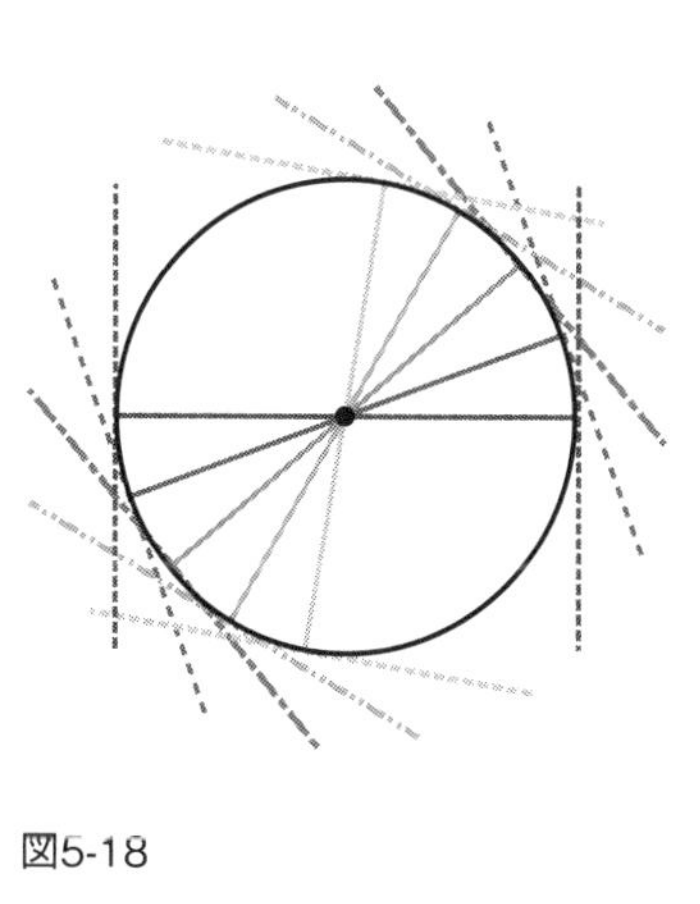

図5-18

円は2本の平行な破線で挟まれ、実線は破線が離れている距離で、それが円の幅、つまり直径になります。

千佳　逆さまに考えてみましょう。どこで測っても幅が等しい平面図形は何でしょうか？

亜理紗　円の幅はわかるのですが、一般の図形の幅って何ですか？

凸図形（ちょっと横道）

千佳　良い質問です。図形の幅についてちゃんと説明しておきましょう。円とか楕円とか卵の形とか、あるいは、三角形とか四角形とか、凹んでいない平面図形の幅を考えましょう。図形が凹んでいるか凹んでいないかの判定は次のようにします。図形の境界か内部の、どこでもよいから2点とって、その2点を結ぶ線分を考えます。その線分の端から端までその図形に含まれる場合、その図形を凸図形といいます。例えば、100円玉は凸図形です。線分をどこにとっても100円玉に含まれますから。

亜理紗　じゃあ、おむすびも凸図形ですね。

千佳　そうです。少し小腹減ってきましたね。

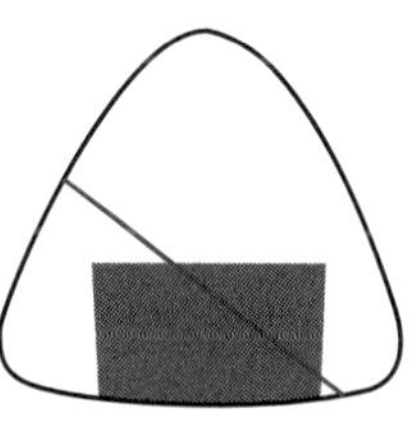

図5-19

千佳　凸でないものを考えると……、例えば、陸上競技場を思い浮かべてください。
緑の芝生のインフィールドの部分は……。

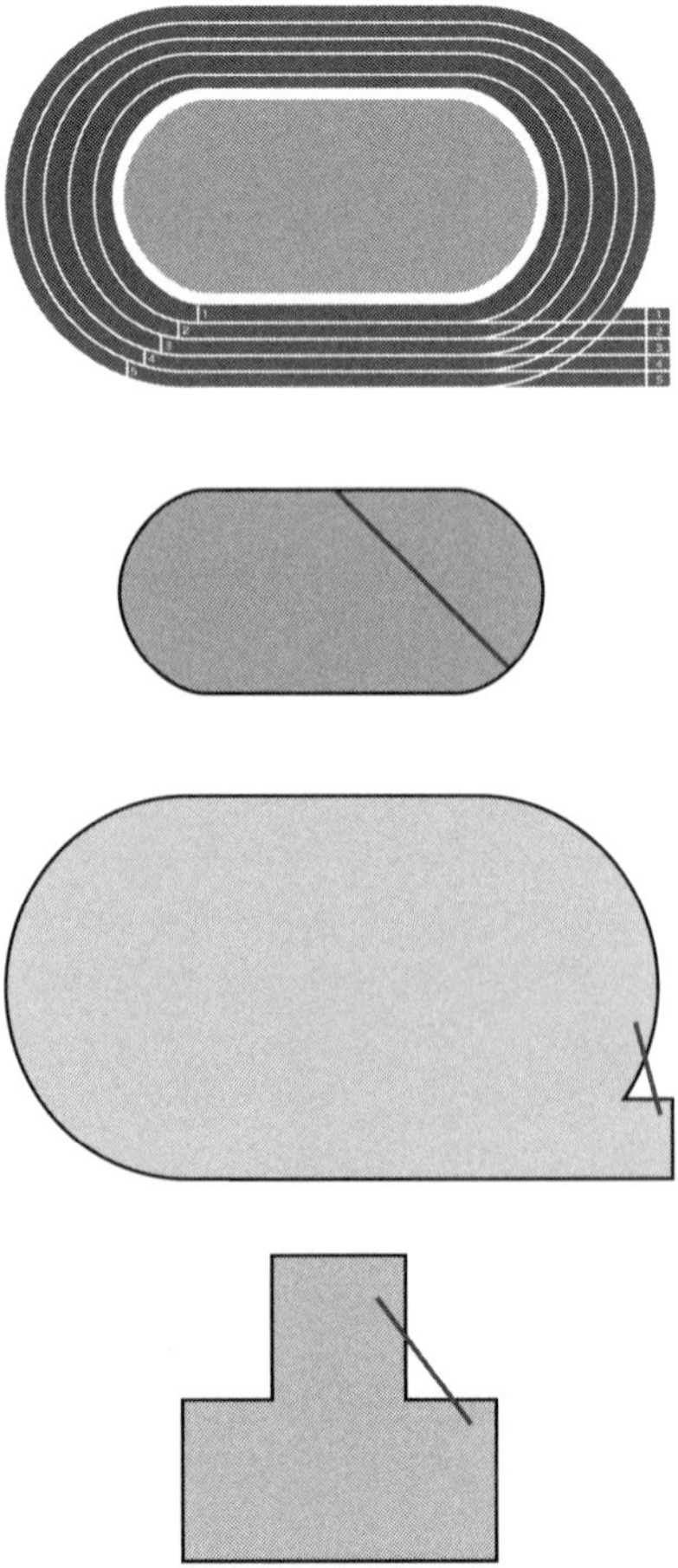

図5-20

亜理紗　凸図形です。

千佳　そうですね。トラックの部分を含めた図形を考えると、凸図形になりません。線分がはみ出してしまいますから。さらに、皮肉なことに、凸という漢字も凸図形ではありません。

亜理紗　なんか、残念です。

千佳　あはは。そうですよね。凹凸のセットで考えると、ブロックみたいで気持ちがよいですけど。

閑話休題（それはさておき）

千佳　幅の話に戻りましょう。凸図形の意味がわかったら後は簡単です。凸図形を2本の平行な直線で挟みます。そのときの2直線の距離を、その凸図形の幅、正確には、その直線に垂直な方向についての幅、と呼びます。さっき言ったように円の幅は直径に他なりません。では簡単な図形だけれども、測る方向によって幅が変わる単位正方形について考えましょう。辺の長さが1ですから、まず、向かい合う辺に垂直な方向の幅は1です。

亜理紗　はい。よくわかります。

千佳　では対角線の方向に測ると、幅は……。

亜理紗　$\sqrt{2}$ です。

千佳　では、対角線の方向からさっき測った縦方向に徐々にずらしていくと、幅はどうなるでしょうか……。

図5－21は、測る方向を対角線方向から少しずつ回転させた図です。

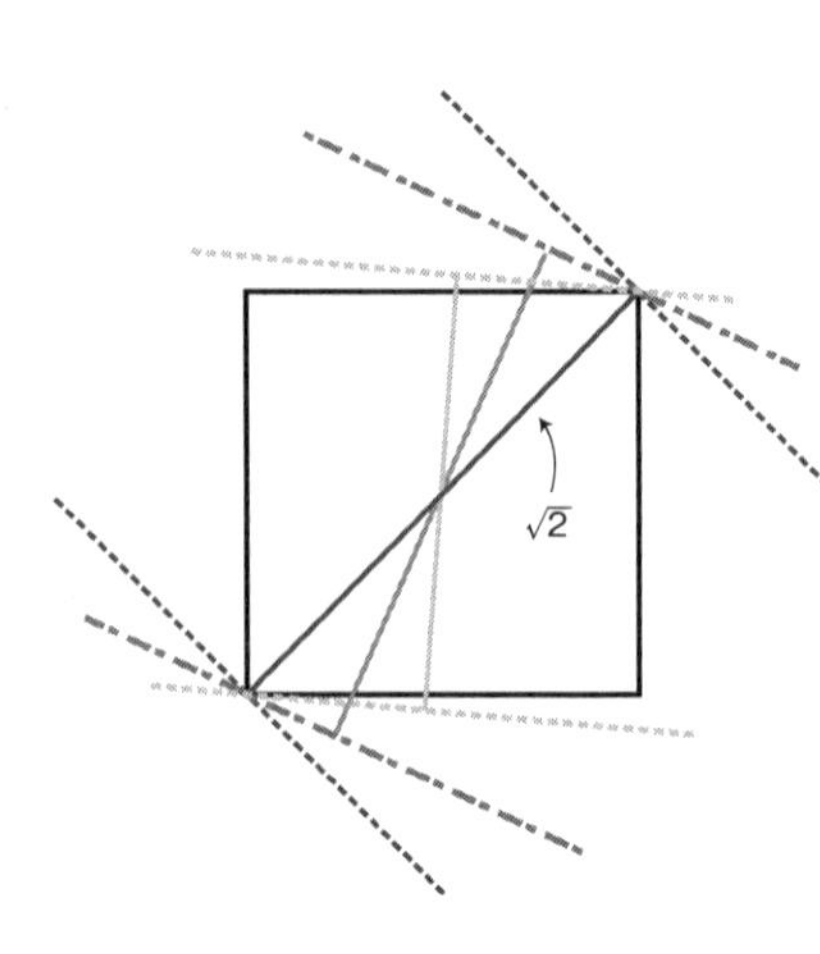

図5-21

亜理紗　あっ、幅が縮まっていきます！

千佳　そう。同じ頂点を通る2直線の距離を測っているのに、2直線が挟む方向、つまり測る方向によって幅が変わります。では、逆さまに考える話に戻って、どの方向に測っても幅が等しく一定――これを定幅と言います――の平面図形は何でしょう？

亜理紗　円以外にもあるってことですよね。

千佳　はい。これは知らないとちょっと難しいから紹介しましょう。

次の正三角形を膨らましたような図形は、ルーローの三角形と言います。ルーローというのは発見者の名前です。正三角形の各辺を膨らませたような形で、面白いことにどこで測っても幅が等しい図形です。つまり定幅な図形です。

亜理紗　何ででしょう……。

千佳　描き方を考えると納得いくでしょう。ノートに罫線（けいせん）があったらそれを使うと楽です。なかったら直線を引いてください。

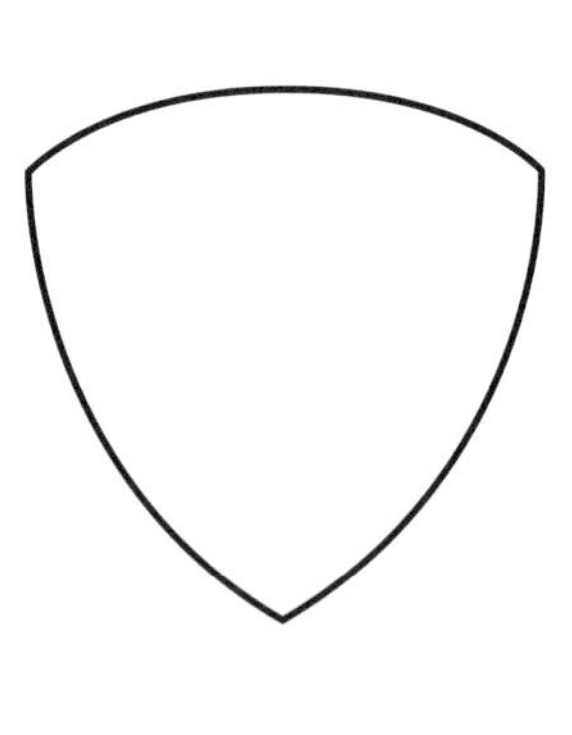

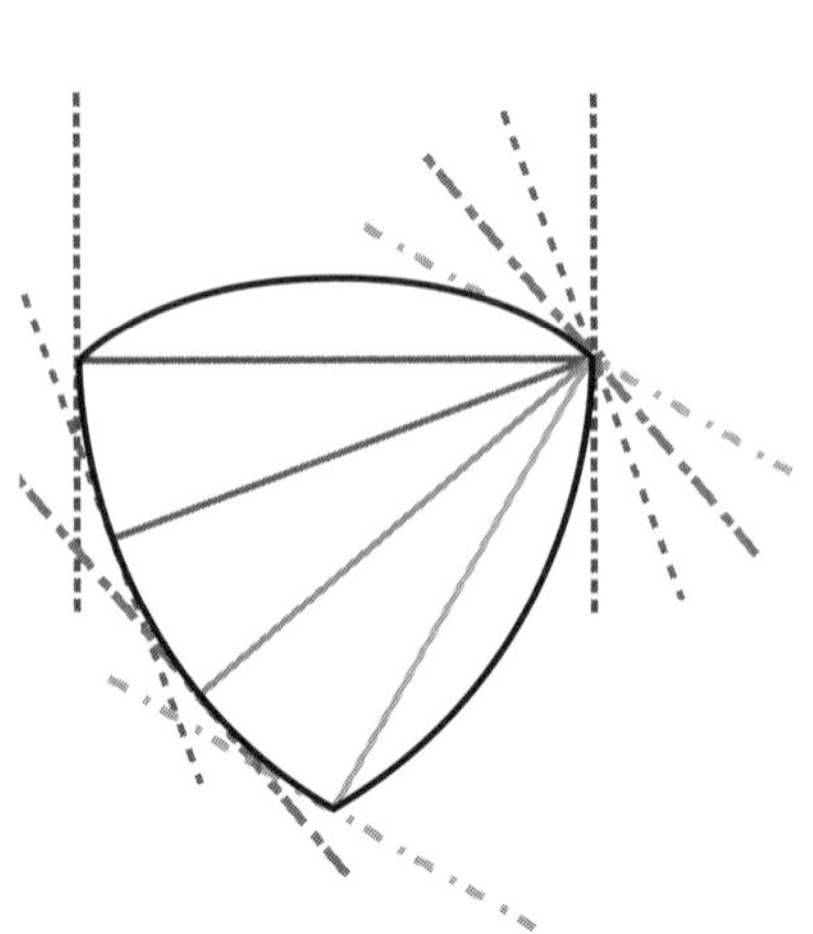

図5-22

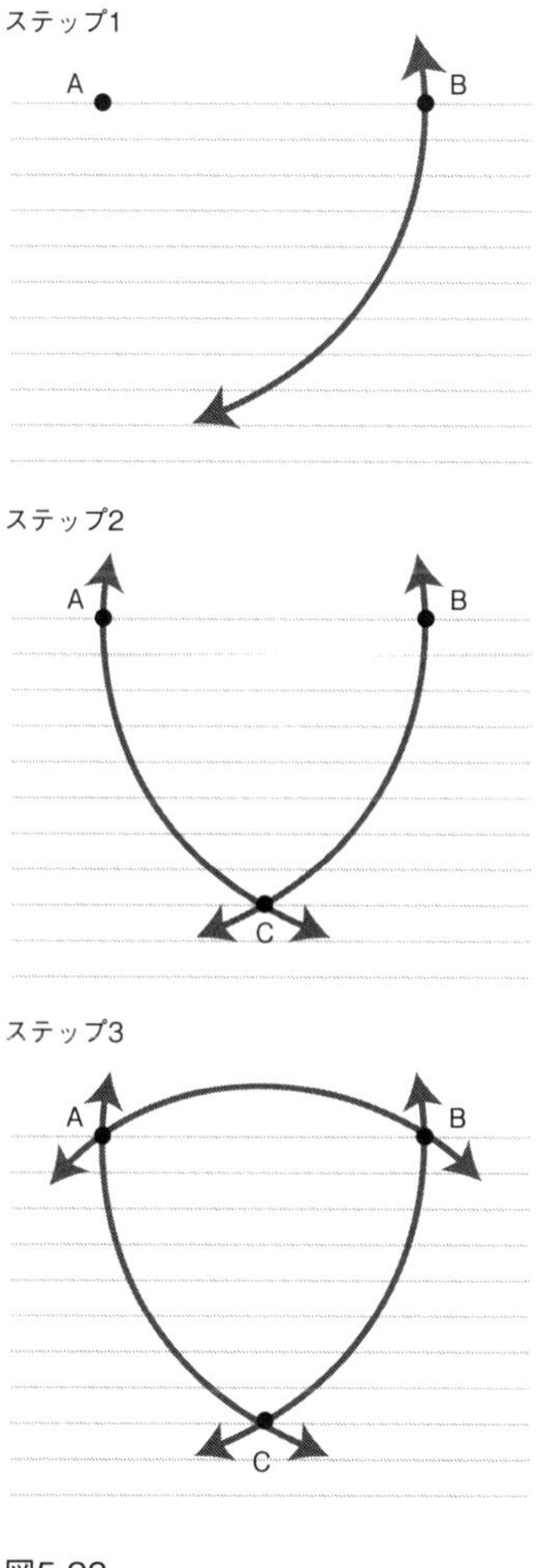

〈ステップ１〉罫線上に点Ａをとります。次に、点Ａを中心に、適当な半径で、罫線からの中心角が目分量で60度以上になるように円弧を描いて、円弧と罫線の交点をＢとします。

〈ステップ２〉点Ｂを中心に、半径ＡＢの円弧を、罫線と先ほどの円弧の両方に交わる

図5-23

ように描いて、２つの円弧の交点をＣとします。
〈ステップ３〉点Ｃを中心に、半径ＡＢの円弧を点Ａと点Ｂの両方を通るように描きます。この図形ＡＢＣがルーローの三角形です。

亜理紗　３つの扇形（円の一部）を回しながら重ねているから、どこの幅も扇形の半径になるのですね。

色鉛筆で扇形に色を重ね塗りすると、正三角形ＡＢＣの部分の色が濃くなって、ルーローの三角形は正三角形の各辺を丸く膨らませた形になっていることがわかります（図5－24）。

千佳　一辺の長さ２の正方形の中に半径１の円はぴったり入ります。このとき、円は正方形の約78・５％の面積を占めます。一方、ルーローの三角形ＡＢＣで、弧ＡＢの長さを２とします。幅が２なので、同じ正方形の中にぴったり入ります。円もルーローの三角形も両方とも正方形の中にぴったり収まりますが、この違いは何だと思いますか。

亜理紗　……。

千佳　では先ほど描いたルーローの三角形がぴったり入る正方形を描いてください。そして、ルーローの三角形をハサミで切って、正方形の中に入れて、正方形からはみ出ないように、回転させてください。できるでしょうか？

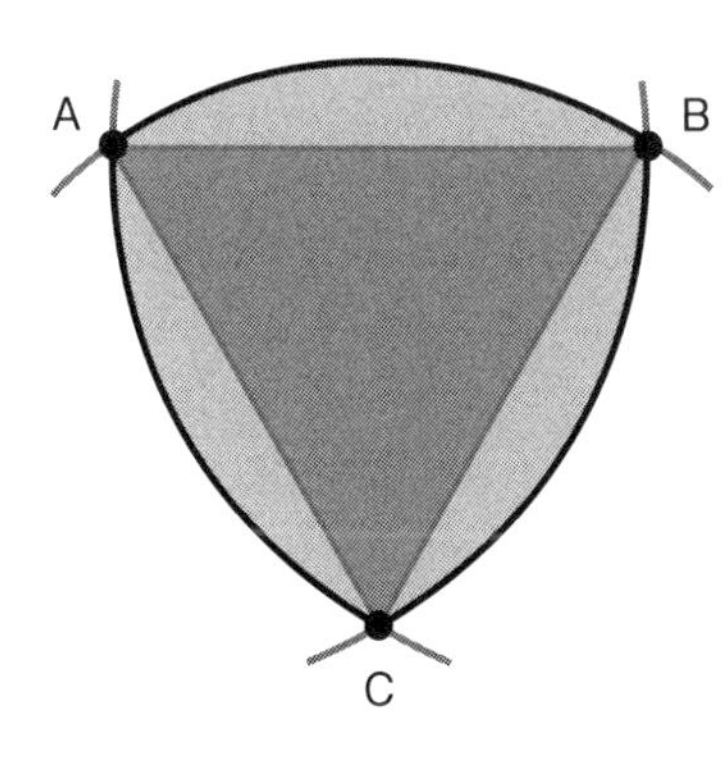

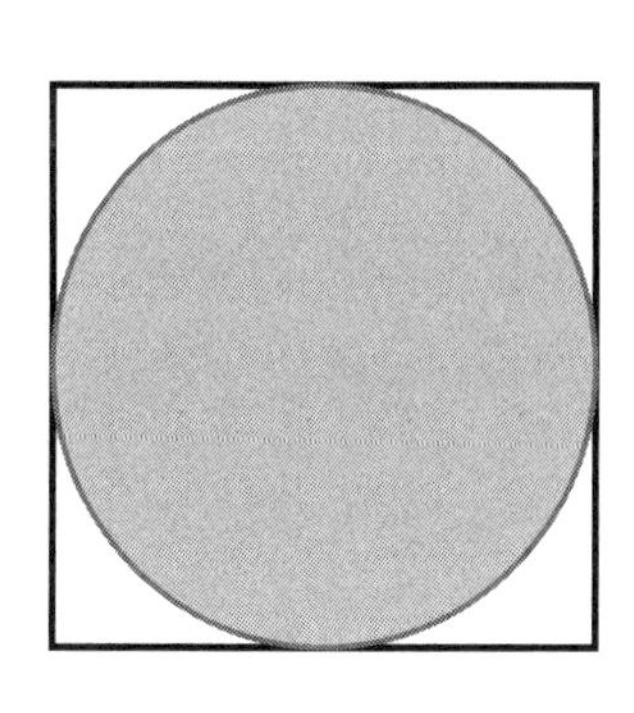

図5-24

亜理紗　できました。1回転できました。正方形の四隅の方まで届くくらいに回るのですね。

千佳　良いところに気が付きました。ルーローの三角形を正方形内で1回転させたとき、ルーローの三角形の周が描く軌跡は、角の付近が丸い曲線になります。この丸い曲

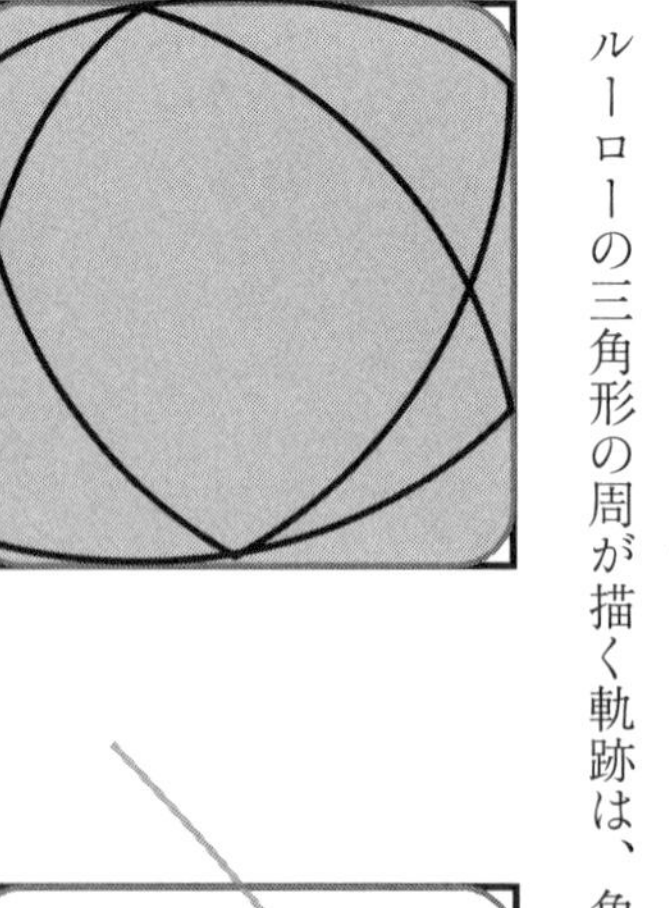

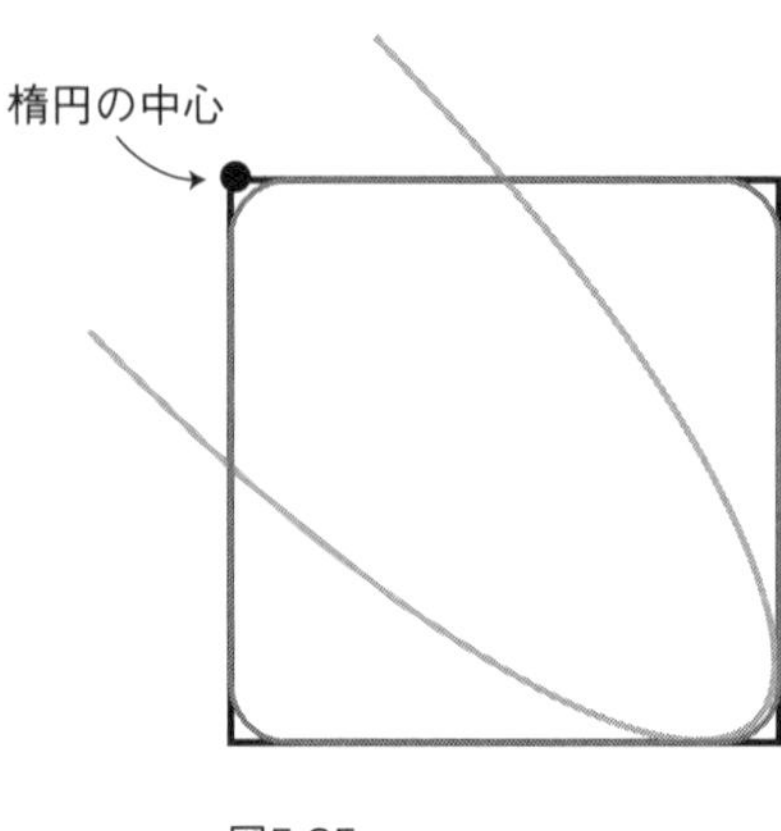

図5-25

線は斜めに傾けたある楕円の一部です（図5－25）。このことから、ルーローの三角形を1回転させたときに通る面積は、正方形の約98・8％になることが計算できます。

亜理紗　ほとんど正方形。

千佳　そうなのです。だから、ルーローの三角形でドリルを作ったら、ほとんど正方形の穴を開けることができます。また、ロボット掃除機にも応用されています。

亜理紗　部屋の隅のぎりぎりまで掃除できるのですね。優れもの！

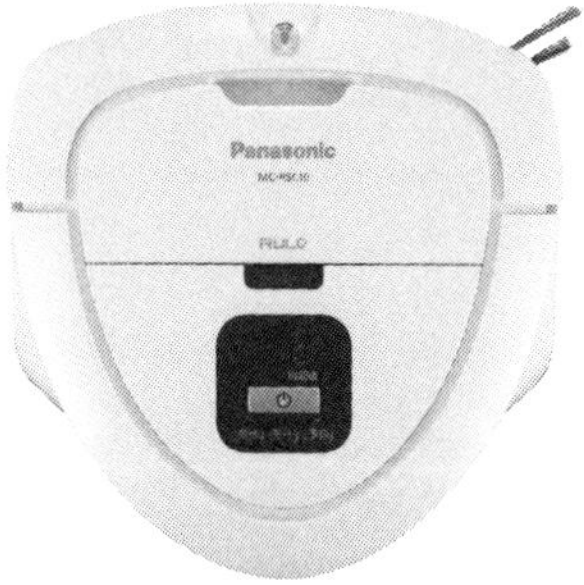

図5-26　Panasonic RULO mini（MC-RSC10）

亜理紗　ところで、ルーローの四角形はあるのですか。

千佳　良い気づきです。実は、偶数角形は無理ですが、奇数角形はいくらでもあります。イギリスの20ペンスや50ペンス硬貨はルーローの七角形のようです。（図5－27）

ルーロー話で盛り上がってしまいました。円は定幅の平面図形ですが、その逆、定幅の平面図形は円だけではなかったことがわかりました。逆さまに考えたお陰で世界が広がりました。

図5-27

最後の問題……内角の和は１８０度

千佳　最後の問題です。三角形の内角の和は１８０度ですね。では、逆さまに考えよう。内角の和が１８０度である多角形は何でしょうか？　そもそもあるのでしょうか。

亜理紗　えー。これは難問です。

千佳は亜理紗に幅２㎝ほどの紙の帯を渡した。

千佳　好きな帯を２本取って、端と端を直角になるようにセロハンテープで貼り付けてください。そして、もう片方の端同士も直角に貼り付けてください。

亜理紗　帯が曲がっちゃいます。

千佳　曲がってもいいですが、折らないでください。

亜理紗　目みたいなものができました。

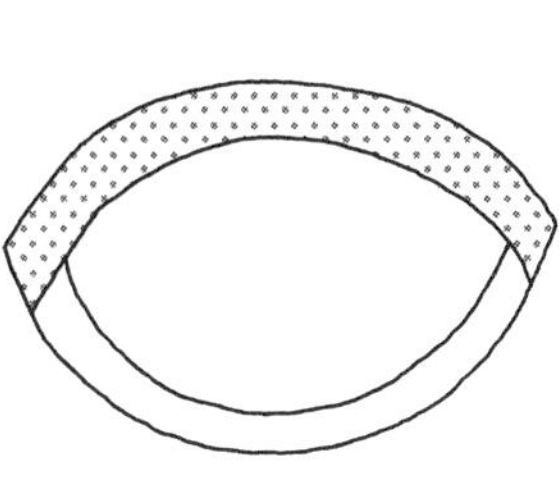

図5-28

千佳　その目の左端を北極、右端を南極に見立てて、縦に置くと、ちょうど地球上で2本の子午線になっているように見えませんか？　図５－29の上の図みたいな感じに……。

亜理紗　あ！　見えます。

千佳　図５－29の下の図は北極圏から見た図です。
これを球面二角形と言います。２つの頂点で帯と帯は直角にくっついていて、その他に頂点はないから、内角の和は１８０度なのです。

図5-29

亜理紗　だから、内角の和が１８０度の多角形なのですね。

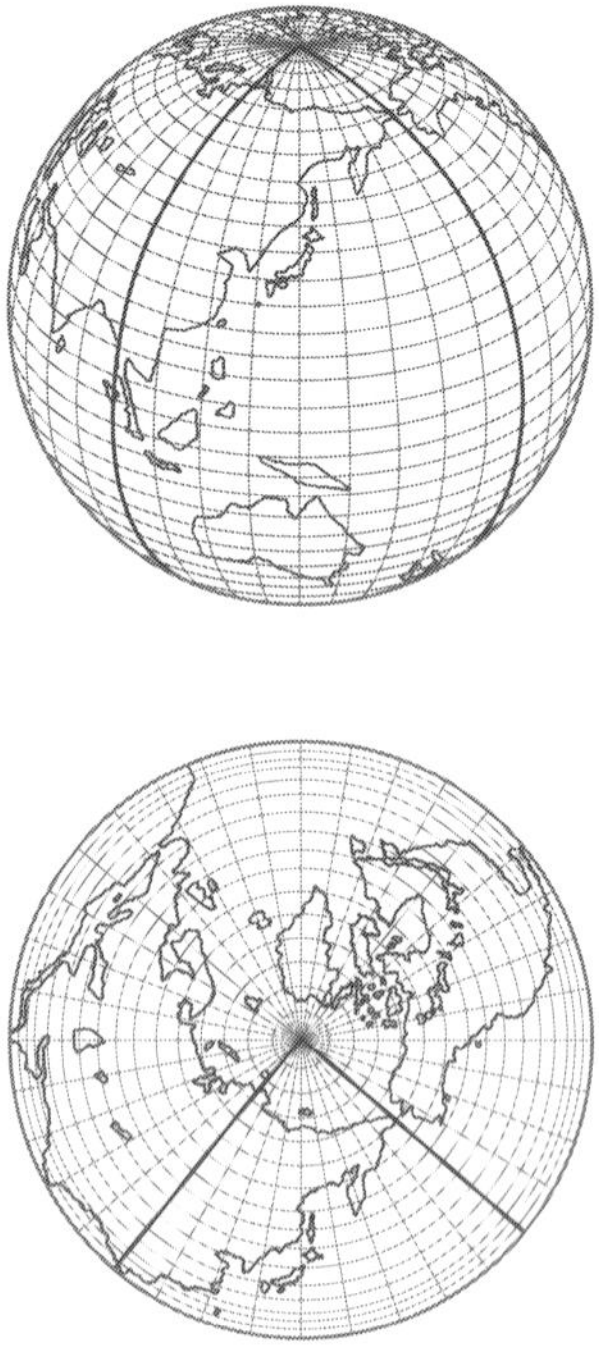

亜理紗　球面三角形もできるかな？

千佳　いま作った球面二角形の真ん中あたりに、別の帯を、２つの帯の両方に跨(また)がるように貼り付けてください。

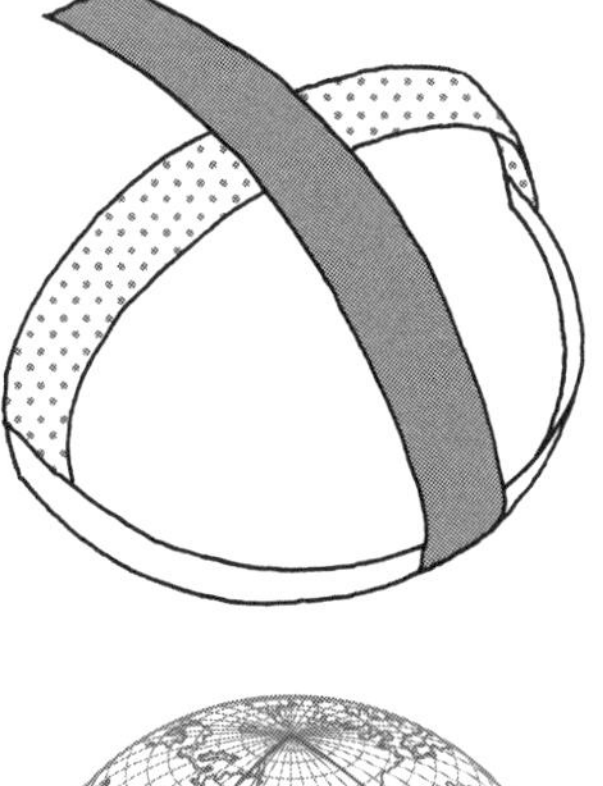

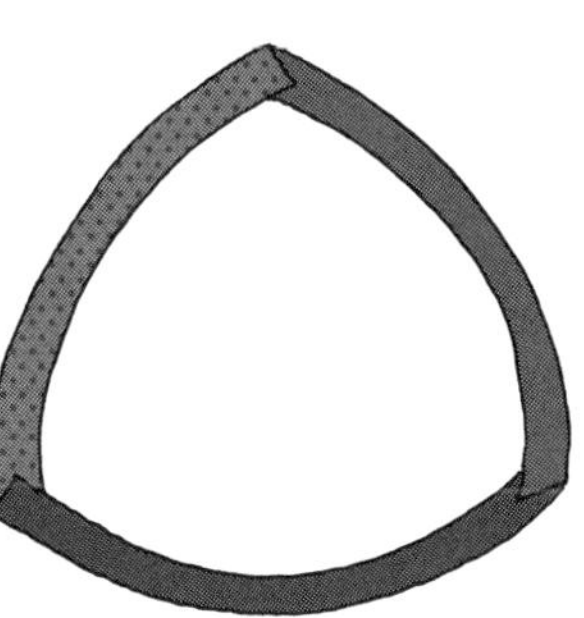

図5-30

亜理紗　できました。ラグビー選手のヘッドギアみたいです（図５－30）。

千佳　先ほどの地球上の2本の子午線に赤道が加わった感じですね。
亜理紗　この球面三角形の内角の和は、90度が3つで、２７０度でしょうか。
千佳　はい！
亜理紗　内角の和が３６０度の球面三角形はできないかなぁ……。そうか、２つの帯で作る角度を１２０度にすればよいのですね……。できました（図5－30の下）。内角の和が３６０度の球面三角形です。……問題ができました。四角形の内角の和は３６０度です。では、逆さまに考えよう。内角の和が３６０度である多角形は何でしょうか？
千佳　良い問題ですね！

逆さまに考えると、自分の思い込みがわかるし、世界が広がります。このような考えは、例えば、異文化の人と対話するときに必ず役に立ちます。異文化といっても海外だけではありません。違う環境で育ったら、異なる経験をしているのですから、それは異文化と言ってもよいはずです。

そう考えると、自分の思い込みを打破する「逆さまに考える方法」は、相手の立場に立って考えるという、コミュニケーションの基本に他ならないと言えます。自分の当たり前は通用しないのだから。

第5章のまとめ

・人や物事に相対してうまく行かなかったときの原因の一つに「思い込み・先入観」がある。
・思い込みや先入観を打破する方法の一つは「逆さまに考える」ことである。

あとがき「若さ＋没頭＝素敵で無敵」

本書は、イケイケどんどんの高度経済成長期の象徴といえる大阪万博の年に生まれた筆者が、現代の若者、とくに中学生や高校生くらいを念頭において書いたメッセージ本です。いまの中学生と40歳は年が違いますが、たった40年程度でこんなにも時代が違うのかというくらい隔世の感があります。信じられないかもしれませんが、生まれた1970年頃、つまり万博のあたりからテレビはモノクロからカラーになりました。もちろん液晶デジタルではなくブラウン管のアナログ時代です。大学生の頃に移動しながら電話できるようになりました。もちろんスマホではなくPHSやポケベルの時代です。いまのようなネットもSNSもありません。しかし、そんな違いを言いたいわけではありません。

どのような時代、どのような地域・国においても、境遇はさまざまですが、若い人がいて、そして大人にも若い頃があったのです。中学生くらいから見ると、親やら親戚やら、周りの先生は、出会ったときにはすでに大人なわけで、その大人の若い頃なんて想像もつかないし、あんまり興味もないと思います。

言いたいことは、若い人は必ず「若さ」をもっているということです。当たり前ですが、若いときにはそれに気が付かないです（それも若さの特権！）。

スウガクが数楽ではなく数我苦な人も、英語が苦手な人も、スポーツだけが得意と思っている人も、絵を描いているときが一番幸せと思っている人も、どんな得手不得手があっても、そして自分には何もないと感じていても、若い人が必ずもっているもの、それが「若さ」です。

「若さ」というのはそれだけで無条件にすばらしいものです。年はとれるが若くはなれません。その意味で、中学生や高校生のときにしかできないことはたくさんあります。

大人目線で「若さ」を見ると、

1．先入観（経験）が少ない。
2．何でも吸収できる。
3．発想が柔らかい。

4. 体力があり、回復力がある。
5. 没頭できる。
6. 熱く、無我夢中になれる。
7. 感性が豊かである。
8. ぼーっとできる。
9. 無茶できる。
10. ……。

など、言葉を尽くしても的確に表現できません。さまざまなことが何とも言えない「若さ」に集約されます。そこに大人は楽しく期待していますし、みなさんも自分自身に期待してください。

筆者はとくに、5、6番あたりが気に入っています。最後に公式をプ、ロ、ポ、ー、ズ、します。

公式

若さ＋没頭＝素敵で無敵

謝辞

本書の草稿に目を通してくださった筆者の信頼する友人のみなさまに感謝いたします。詳細に目を通して、沢山の誤字脱字や表現の不備を見つけて、前向きなアドバイスと温かい感想をいただきました。みなさまの手助けのお蔭で本書が格段に良くなりましたこと改めて御礼申し上げます。順不同、敬称略で失礼しますがお名前を列記いたします。市田優（関西学院大学）、小林俊介（宮崎大学）、木村光里（自治医科大学医学部）、下地優作（株式会社フレクト）、沖野祥則（（株）いい生活）、秋田健一（ＴＤＳＥ（株））、谷口祐人、内野すみれ、後藤大毅、石川草（以上４名、Loohcs高等学院）、岩崎早馬（明治大学大学院理工学研究科）。以下は所属や出身校などを特に明記していませんが、気のおけない友人たち、＋αです。澤亨保、宮原円生、畠中明莉、菅原優衣、山根匡史、千葉康平、小野慎斗、水戸岡拓海、加茂章太郎、榊原航也、宗像俊行、松井咲樹、木村桃実、齋藤保久、舘野周一、森川かおり、そして矢崎毅。みなさまと出会えてよかった！

第３章図９の各科目のキーワードは、各分野の研究者に直接インタビューして聞いたものです。後になればなるほど、かぶらないようにキーワードを生み出すのは難しいはずなのに、皆さん即答でした。それだけご自身の分野の色と他分野との色の違いを良く摑んでいて、独自の学問分野への矜持を持って日々研究に励んでいるのだと深く感心しました。以下はインタビューに応じて議論をしてくださった方々です。こちらも順不同、敬称略で失礼しますがお名前を列記して謝意を表します。牛島健夫、桑名一徳、柳沼秀樹、竹村裕（以上、東京理科大学）、齋藤保久、山田拓身（以上、島根大学）、谷田川友里（東京工業大学）、下川航也（お茶の水女子大学）、及び門脇耕三、小野弓絵、松岡直之、野原雄一、中村和幸、宮部賢志、相澤守、紀藤圭治、山本英司、白石允梓、飯塚秀明（以上、現・元明治大学）。みなさまと話し合えましたこと、感謝すると同時に大いなる財産となりました。改めてありがとうございました。

最後に、筑摩書房編集部の鶴見智佳子さんには遅々として進まない原稿をずっとお待ちいただきました。本書執筆の初日は、筑摩書房編集部の渡辺英明さんと鶴見智佳子さんと第1回の打ち合わせを行った2022年11月14日でした。翌日、鶴見さんからメールを拝受し、説明なしで公式を覚えろと、半ば頭ごなしに先生に言われてから数学への興味が急速に失せてしまったという、ご子息の高校生のころの回想を伺いました。そして現在、成長したご子息はあのときもったいないことをしたと残念な気持ちになっていることも。そんなきっかけもあって、公式を覚えるというのはどういうことだろうと、中高生たちに思いを馳せて、本書を構成する柱の一つになりました。本書の別の柱は、清真学園高等学校・中学校の清真学園SSH科学講演会における講演「いかにして困難な問題に立ち向かうか。」の発表がもとになっています（2019年11月30日）。このときの発表スライドを修正・加筆して、「中高生たちと楽しむ実験数楽［上・下］」と題して雑誌『数学文化』37、38号（日本評論社、2022年）の連載記事になりました。編集された亀書房の亀井哲治郎さんに感謝いたします。その後バトンが繋がり、本書誕生に至る好運に恵まれました。鶴見さんは第1回の会合以来、話が紆余曲折して、なかなか筆が進まない筆者に対していつも明るく待っていてくださいました。また、たむらかずみさんには意図を汲んで、かなりの量のイラストを描いてくださり本書がとても軽やかに柔らかくなりました。

多くの人が関わって、熱い思いとエールが集約されて、やっと1冊の本が世に出るのだということを実感しました。この思いが読者のみなさんに届きますこと、そして届いた人がまた他の人に届けてくださることを願っています。数学が嫌いになる前に。

２０２４年７月２日

矢崎成俊

ちくまプリマー新書

101
地学のツボ
——地球と宇宙の不思議をさぐる
鎌田浩毅
地震、火山など災害から身を守るには？　地球や宇宙の起源に迫る「私たちとは何か」。実用的、本質的な問いを一挙に学ぶ。理解のツボが一目でわかる図版資料満載。

038
おはようからおやすみまでの科学
佐倉統
古田ゆかり
毎日の「便利」な生活は科学技術があってこそ。料理も洗濯も、ゲームも電話も、視点を変えると楽しい発見がたくさん。幸せに暮らすための科学との付き合い方とは？

322
イラストで読むＡＩ入門
森川幸人
ＡＩってそもそも何？　ＡＩはどのように私たちの生活に入ってくるの？　その歴史から進歩の過程まで、数式を使わずに丁寧に解説。

335
なぜ科学を学ぶのか
池内了
科学は万能ではなく、限界があると知っておくことが重要だ。科学・技術の考え方・進め方には一般的な法則がある。それを体得するためのヒントが詰まった一冊。

ちくまプリマー新書

226
何のために「学ぶ」のか
――〈中学生からの大学講義〉1

外山滋比古／前田英樹／今福龍太／茂木健一郎／本川達雄／小林康夫／鷲田清一

大事なのは知識じゃない。正解のない問いを、考え続けるための知恵である。変化の激しい時代を生きる若い人たちへ、学びの達人たちが語る、心に響くメッセージ。

227
考える方法
――〈中学生からの大学講義〉2

永井均／池内了／管啓次郎／萱野稔人／上野千鶴子／若林幹夫／古井由吉

世の中には、言葉で表現できないことや答えのない問題がたくさんある。簡単に結論に飛びつかないために、考える達人が物事を解きほぐすことの豊かさを伝える。

228
科学は未来をひらく
――〈中学生からの大学講義〉3

村上陽一郎／中村桂子／佐藤勝彦／高薮縁／西成活裕／長谷川眞理子／藤田紘一郎／福岡伸一

宇宙はいつ始まったのか？　生き物はどうして生きているのか？　科学は長い間、多くの疑問に挑み続けている。第一線で活躍する著者たちが広くて深い世界に誘う。

229
揺らぐ世界
――〈中学生からの大学講義〉4

立花隆／岡真理／橋爪大三郎／森達也／藤原帰一／川田順造／伊豫谷登士翁

紛争、格差、環境問題……。世界はいまも多くの問題を抱えて揺らぐ。これらを理解するための視点は、どうすれば身につくのか。多彩な先生たちが示すヒント。

ちくまプリマー新書

230
生き抜く力を身につける
――〈中学生からの大学講義〉5
大澤真幸／北田暁大／多木浩二／宮沢章夫／阿形清和／鵜飼哲／西谷修
いくらでも選択肢のあるこの社会で、私たちは息苦しさを感じている。既存の枠組みを超えてきた先人達から、見取り図のない時代を生きるサバイバル技術を学ぼう！

305
学ぶということ
――続・中学生からの大学講義1
ちくまプリマー新書編集部編
桐光学園＋
受験突破だけが目標じゃない。学び、考え続ければ重い扉が開くこともある。変化の激しい時代を生きる若い人たちへ、先達が伝える、これからの学びかた・考えかた。

306
歴史の読みかた
――続・中学生からの大学講義2
ちくまプリマー新書編集部編
桐光学園＋
人類の長い歩みには、「これから」を学ぶヒントがいっぱいつまっている。その読み解きかたを先達に学び、君たち自身の手で未来をつくっていこう！

307
創造するということ
――続・中学生からの大学講義3
ちくまプリマー新書編集部編
桐光学園＋
技術やネットワークが進化した今、一人でも様々なことができるようになってきた。新しい価値観を創る力を身につけて、自由な発想で一歩を踏み出そう。

chikuma primer shinsho

ちくまプリマー新書465

公式は覚えないといけないの？ 数学が嫌いになる前に

二〇二四年八月十日 初版第一刷発行

著者 矢崎成俊（やざき・しげとし）

装幀 クラフト・エヴィング商會

発行者 増田健史

発行所 株式会社筑摩書房
東京都台東区蔵前二-五-三 〒一一一-八七五五
電話番号 〇三-五六八七-二六〇一（代表）

印刷・製本 中央精版印刷株式会社

ISBN978-4-480-68490-5 C0241 Printed in Japan